LINE BOTを作ろう！

立花 翔 Sho Tachibana 著

Messaging APIを使ったチャットボットの基礎と利用例

JN216096

SHOEISHA

本書内容に関するお問い合わせについて

このたびは翔泳社の書籍をお買い上げいただき、誠にありがとうございます。弊社では、読者の皆様からのお問い合わせに適切に対応させていただくため、以下のガイドラインへのご協力をお願い致しております。下記項目をお読みいただき、手順に従ってお問い合わせください。

●ご質問される前に

弊社Webサイトの「正誤表」をご参照ください。これまでに判明した正誤や追加情報を掲載しています。

正誤表　　　　http://www.shoeisha.co.jp/book/errata/

●ご質問方法

弊社Webサイトの「刊行物Q&A」をご利用ください。

刊行物Q&A　　http://www.shoeisha.co.jp/book/qa/

インターネットをご利用でない場合は、FAXまたは郵便にて、下記"翔泳社 愛読者サービスセンター"までお問い合わせください。電話でのご質問は、お受けしておりません。

●回答について

回答は、ご質問いただいた手段によってご返事申し上げます。ご質問の内容によっては、回答に数日ないしはそれ以上の期間を要する場合があります。

●ご質問に際してのご注意

本書の対象を越えるもの、記述個所を特定されないもの、また読者固有の環境に起因するご質問等にはお答えできませんので、あらかじめご了承ください。

●郵便物送付先およびFAX番号

送付先住所　　　〒160-0006　東京都新宿区舟町5
FAX番号　　　　03-5362-3818
宛先　　　　　　（株）翔泳社 愛読者サービスセンター

　2017年、スマートフォンアプリブームもいったん落ち着き、Fintech、人工知能、VR、IoTなどの新しい技術が次々と出てきています。筆者も仕事柄一通り触ってはみていますが、その中でも特にチャットボットに注目しています。アプリやサービスを作る開発者としては、せっかく作ったサービスが広く使われてほしいと願うものです。その点でチャットボットはユーザーに受け入れられる準備がもうできており、何万人ものユーザーの日常生活を楽しくしたり、便利にしたりしています。

　幸いなことに、日本には全スマホユーザーの8割以上が利用しているともいわれるLINEがあり、そのLINE製のチャットボットがLINE BOTです。すでにLINEアプリにはLINE BOTと専用のインターフェースを使ってやり取りしたり、友だちに紹介したりする機能があります。つまりよいLINE BOTを開発することができれば、このLINEユーザーと簡単につながることができるのです！ 素晴らしいと思いませんか？

　本書ではLINE BOTの作り方を業務でプログラミングをしている方だけではなく、Webデザイナーなどプログラミングが本職ではない方にも理解しやすいようできるだけわかりやすく、読みやすく、丁寧に解説してあります。

　LINE BOTのAPIだけでなく、開発環境や公開するためのプラットフォームも無料です。デバッグはもちろんお持ちのスマートフォンとLINEアカウントで行えますし、IDEやエミュレーターも不要なので、高スペックのマシンを用意する必要もありません。

　スクリーンショットや解説はMac上でのものですが、Windowsでもプロジェクトの構成やコードは同一です。開発環境の構築では別の処理が必要になる場合がありますが、その場合は都度解説を入れてあります。

　本書を読めば、今すぐ手持ちのマシンでLINE BOTを開発し、無料で公開するところまでできるようになっていると思います。

謝辞

　本書に直接あるいは間接的にかかわったすべての方々に御礼を申し上げます。

　LINE株式会社の松野徳大様、砂金信一郎様、桃木耕太様はじめ、この大いなる可能性を持つ素晴らしいサービスにかかわってくださったすべての方々。

　担当編集として、企画段階から最後まで忍耐強く温かいご助力、ご指導を頂いた翔泳社の山本智史様。

　執筆のきっかけを与えてくださった株式会社エヌプラスの小川史晃様。

　最後に家族に、特に世界で最も私のことを理解し、常に笑顔でサポートしてくれる妻に感謝と愛をこめて。ありがとう。

　（順序に特別な意味はありません）

2017年4月　著者

まえがき iii

本書の特徴 ix

Chapter 1 | チャットボット（BOT）とは？

1.1 チャットボットの解説 002
- **1.1.1** チャットボットとは何か？ 002
- **1.1.2** BOTの現状 004
- **1.1.3** BOTの実用例 008
- **1.1.4** BOTの未来 010

Chapter 2 | LINE BOTを作るための準備をしよう

2.1 Herokuの基礎知識 012

2.2 Herokuにアプリを登録／デプロイしよう 013
- **2.2.1** Herokuアカウントを開設する 013
- **2.2.2** Heroku CLIのインストール 014
- **2.2.3** プロジェクトの作成 015
- **2.2.4** Dropboxと接続する 016
- **2.2.5** エディタのインストール 018
- **2.2.6** PHPのインストール 018
- **2.2.7** Hello World! 022
- **2.2.8** デプロイ 023

2.3 その他の必要な設定 025

2.4 LINE BOT SDKをダウンロードしよう 026
- **2.4.1** Composerのインストール 026
- **2.4.2** SDKのダウンロード 028

Chapter 3 | LINE BOT アプリの基礎知識とひな型の作成

3.1 デベロッパ登録／チャンネル作成をしよう 034
  3.1.1 デベロッパとして登録する 034
  3.1.2 チャンネルとBOTを作成する 034

3.2 情報ページの見かたを知ろう 039
  3.2.1 LINE Business Center 039
  3.2.2 LINE@ Manager 040
  3.2.3 LINE Developers 041

3.3 LINE BOT APIでできること 042
  3.3.1 メッセージ受信 042
  3.3.2 パラメータの解説 044
  3.3.3 単一メッセージの送信 047
  3.3.4 リッチメッセージの送信 059
  3.3.5 メッセージコンテンツの受信 067
  3.3.6 ユーザープロファイルの受信 069

3.4 ひな型プロジェクトの作成と基本的な設定をしよう 071
  3.4.1 LINE BOT SDKのダウンロード 071
  3.4.2 Procfileと構成ファイルの作成 071

3.5 ひな型のコードを書こう 072
  3.5.1 署名の検証 072
  3.5.2 メッセージタイプのフィルタ 073
  3.5.3 メッセージを送信するコードのコピー 074
  3.5.4 オウム返し 078

Chapter 4 | お天気BOTを作ろう

4.1 位置情報を取得しよう 080
  4.1.1 テキストから取得する 080
  4.1.2 位置情報から取得する 085

4.2 お天気の（外部）APIから結果を取得、返信しよう 091

4.3 スタンプを活用しよう 093

4.4 Push APIの使用例 095

Chapter 5 | リバーシBOTを作ろう

5.1 Imagemapを実装しよう 100

    5.1.1 Imagemapとは？ 100

    5.1.2 GDライブラリのダウンロード 101

    5.1.3 Macの場合 101

    5.1.4 Windowsの場合 101

    5.1.5 利用する画像のコピー 102

    5.1.6 index.phpの編集 102

    5.1.7 Procfileの変更とnginx_app.confの作成 105

    5.1.8 boardImageGenerator.phpの作成 106

5.2 リバーシを実装しよう 111

    5.2.1 盤面のデータベースへの保存 111

    5.2.2 レコードの追加 113

    5.2.3 石を置く処理の実装 117

    5.2.4 石をひっくり返す処理 120

5.3 簡単なAIを実装しよう 125

5.4 ゲームの進行と終了処理 128

5.5 リッチコンテンツを設定しよう 132

    5.5.1 リッチコンテンツ 132

    5.5.2 友だち追加時あいさつ 139

5.6 処理を軽くしよう 141

Chapter 6 | ビンゴBOTを作ろう

6.1 複数のユーザーをつなぐBOT 148
   6.1.1 ひな型のコピーとデータベースの準備 148
   6.1.2 リッチコンテンツ 149
   6.1.3 ルーム作成／入室／退室処理の実装 153
   6.1.4 ビンゴシートの割り当て 159

6.2 高速化しよう 174

Chapter 7 | LINE Login と連携しよう

7.1 LINE Login を始めよう 178

7.2 Webへ誘導しよう 180

7.3 アクセストークンを取得しよう 185

7.4 WebサービスからのPush API 190

Chapter 8 | 対話BOTを作ろう

8.1 Watson Conversation APIを利用しよう 194
   8.1.1 Watson Conversationとは？ 194
   8.1.2 Watson Conversationのアカウント作成 194
   8.1.3 会話の作成 200

8.2 BOTに接続しよう 219
   8.2.1 プロジェクトの準備 219
   8.2.2 BOTとの接続 222

特集 | LINE BOT AWARDS関連インタビュー

1 Checkun 228

2 雪山 Bot with LINE Beacon 230

3 シャクレ 232

4 りょボット 234

5 「みんなの音楽コンシェルジュ」APOLO 236

6 母ロボ 238

あとがき 240

さくいん 241

Special Thanks 243

　本書は、プログラマーがLINE BOTアプリの開発にチャレンジする際に、最初に手に取ってもらう書籍として構成しています。

　また、特定の言語や開発環境について前提知識は必要としませんが、最低限「プログラムを書いたことがある」という方におすすめの本です。

　記述言語はPHPですが、基本的な機能を主に利用していますので、本書の内容を理解すれば、他言語での応用も利くような解説になっています。

本書の構成

　本書は8つのChapterと、特集記事とで構成されています。

- ⊘ Chapter 1ではLINE BOTをはじめとしたチャットボットの概要を解説しています。
- ⊘ Chapter 2ではLINE BOTを開発するために必要な環境の準備を行います。
- ⊘ Chapter 3ではそれ以降の章で利用するひな型としてオウム返しBOTを作りながら、LINE BOT開発に必要な知識を学んでいきます。
- ⊘ Chapter 4ではお天気BOTを作りながら、外部APIの利用とスタンプの活用を学びます。
- ⊘ Chapter 5ではリバーシBOTを作りながら、Imagemapや画像処理、リッチコンテンツの使い方を学びます。
- ⊘ Chapter 6では複数のユーザーをつなぐBOTの例として、ビンゴBOTを実装していきます。
- ⊘ Chapter 7ではWebからLINE BOTへ／LINE BOTからWebへの誘導として、LINE Loginを実装しながら学びます。
- ⊘ Chapter 8では対話BOTの例として、IBM BluemixのWatson Conversation APIを利用した例を実装していきます。

　また、特集記事として、2017年3月に行われたLINE BOT AWARDS Final Stageでの受賞作を中心に、LINE BOTを使ったサービス実例について開発者の皆さまへのインタビュー記事を掲載しています。Chapter 1 〜 8で学んだ内容を元に、ぜひ新しいアプリの開発にご活用いただければ幸いです。

本書の誌面について

本書の誌面は、解説およびソースコードから構成されています。

　Chapter 4以降、各Chapterのサンプルは、主にChapter 3で作成するひな型を変更して実装していきます。その際、削除する箇所は取り消し線が、追加する箇所はハイライトがされていますので、お役立てください。

```
if (!($event instanceof \LINE\LINEBot\Event\MessageEvent\TextMessage)) {
    error_log('Non text message has come');
    continue;
}
if ($event instanceof \LINE\LINEBot\Event\MessageEvent\TextMessage) {
    $location = $event->getText();
}
// LocationMessageクラスのインスタンスの場合
else if ($event instanceof \LINE\LINEBot\Event\MessageEvent\
                          ┗LocationMessage) {
    // LocationMessageの内容を返す
    replyTextMessage($bot, $event->getReplyToken(), $event->getAddress() .
                        ┗ '[' . $event->getLatitude() . ',' .
                        ┗ $event->getLongitude() . ']');
```
ソースコードの例

　なお本文の解説は、特記ない場合Mac上での記述となっています。Windowsをご利用の場合は、「ターミナル」を「コマンドプロンプト」に、「Finder」を「エクスプローラー」に読み替えていただくことでご利用いただけます。

ソースコードのダウンロードについて

本書で実装する各サンプルのソースコードは、以下からダウンロードすることが可能です。

URL http://www.shoeisha.co.jp/book/download/9784798150734

なお、実行環境の準備については、Chapter 2をご参照ください。

免責事項について

ダウンロードサンプルについては、通常の運用において問題ないことを編集部および著者は確認しておりますが、運用の結果、万一損害が発生した場合も、著者および株式会社翔泳社はいかなる責任も負いません。ご自分の責任においてご利用いただきますようお願いいたします。

動作環境について

本書のソースコードは、以下の環境で動作することを確認しています。

⊘ PHP：ver.5.6
⊘ Composer：ver.1.2.1
⊘ LINE BOT SDK：ver.1.4

また、ソースコード以外の外部APIや各種クラウドサービスについては、2017年3月執筆時点の情報となっています。最新の状況に対応できていないこともございますので、ご了承ください。

著作権について

本書に収録したソースコードの著作権は、著者および株式会社翔泳社が所有しています。個人で使用する以外にご利用いただくことはできません。許可なくネットワークを通じて配布を行うこともできません。個人的にご利用いただく場合は、ソースコードの改変や流用は自由です。商用利用については、株式会社翔泳社へご一報ください。

本書の特徴

Chapter 1
チャットボット（BOT）とは?

Chapter 1では、まずチャットボットについての解説と可能性、
今後の展望について解説します。
チャットボットがもたらす未来について学びましょう。

1.1 チャットボットの解説

本節では、チャットボットの概要や代表的なプラットフォーム、どんな種類のチャットボットがあるのかや、筆者の考えるチャットボットの未来について解説します。

1.1.1 チャットボットとは何か？

LINE BOTの作り方を学ぶ前に、チャットボットとは何かを知っておきましょう。

チャットボットとは「チャット」と「ロボット」を組み合わせた言葉で、文字通りチャットのインターフェースとロボットを組み合わせたテクノロジーのことを指すことが多い単語です。

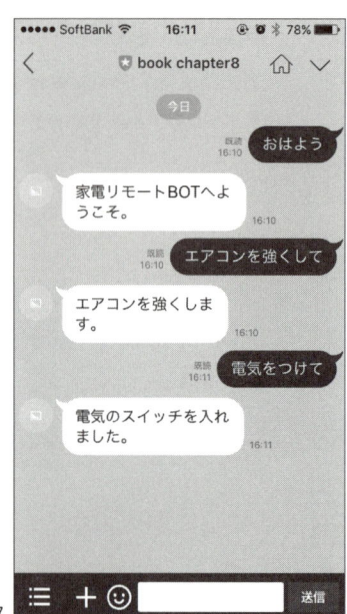

図1.1 チャットインターフェース

チャットインターフェースはSNSなどで当たり前ですし、ロボットに自動化された処理をさせることも特に目新しいことはありません。それにもかかわらず、なぜこれほどさまざまな大企業がチャットボットに注目しているのでしょうか？

それはチャットボットのシンプルで直感的なインターフェースが、爆発的に普及したスマートフォンやSNSなどのサービスと相性がよいことが一因と考えます。

図1.2 チャットUI（左）と従来のUI（右3例）

　スマートフォンの狭い画面では検索結果を一通り見ることも大変ですし、アプリの切り替えも面倒です。また、新たなアプリを通じた操作は、慣れるのもある程度の時間を要します。

　そこで、チャットというわかりやすいインターフェースの裏側に、ユーザーからのさまざまな種類の要求に対して正しく結果を返すことができる「賢い」ロボットを配置し、すべてをチャットで完結することができれば、ユーザーにとって非常に便利で手放せないシステムとなりえます。

　また近年、機械学習や人工知能といった技術も盛り上がってきており、テキストからユーザーの意図や目的を抽出する技術の研究も進んでいます。チャットボットはそれら技術との親和性が高いテクノロジーでもあります。

　上記のような理由から、チャットボットというテクノロジーは今後もどんどん採用されていくと筆者は考えています。

　なお、本書ではチャットボットのことを指して「BOT」と記述します。

1.1.2 BOTの現状

　本節では、現在公開されているBOTのプラットフォームでも代表的なものを挙げ、それぞれの特徴を解説します。他にも多くのプラットフォームがありますが、主要なもの以外は省いてあります。

❯ LINE BOT

　本書で取り上げる、LINEが提供するBOTのプラットフォームです。

　ユーザーは、BOTとして作成されたアカウントをLINEの友だちと同じように友だちリストに追加することができます。BOTはユーザーが送信したテキストや画像を自由に受け取り、処理、返答を行います。

　さまざまな情報を受け取ることもできますし、BOTからの返信の形式もシンプルなテキストからイメージマップのようなリッチなものまでそろっているなど、現状では最も多機能なBOTのプラットフォームといえるでしょう。

　本書のChapter 2以降では、これらLINE BOTの機能について詳しく解説していきます。

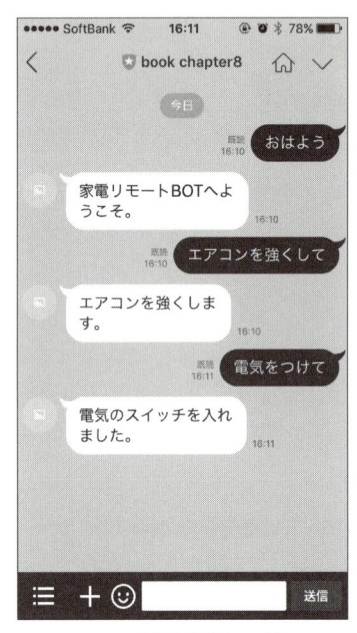

図1.3 LINE BOTの一例

❯ Facebook BOT for Messenger

　Facebook BOT for MessengerはFacebookが提供する、FacebookのMessenger上で動作するBOTのプラットフォームです。
　BOTアプリはFacebookページにひも付く形となり、ユーザーがページに向けて送信したメッセージをもとに処理、返答を行います。

LINE BOTと同様に受信、送信共にテキストや画像などさまざまな形式のデータをやりとりできますが、スタンプやリッチコンテンツなど、いくつかの部分でLINE BOTのほうが先を行っています。

また、日本国内に限っていえばユーザー数の面でもLINEに大きく水を空けられています。

図1.4 BOT for Messengerの一例

● Twitter BOT

Twitter BOT は Twitter 上で何らかの自動化されたつぶやきを行う BOT です。

かなり昔から作られており、例えば1時間ごとに何かをつぶやいたり、特定のワードを検索してそれに反応したつぶやきをしたり、またリプライに対してリプライを返したりするようなBOTも存在しています。

多くの Twitter BOT が開発されていますが、LINE や Facebook のような特殊な UI の提供はなく、出力はテキストのみです。

図 1.5 Twitter BOT の一例

Slack BOT

Slackはビジネス向けのチャットツールで、メッセージやファイルの共有などをとても効率的に行えるサービスです。業務で使われている方も多いかと思います。

Slack上で作成したBOTアカウントは、ユーザーからの入力を受け取り、処理をして返すことが可能です。また、メッセージには絵文字や画像の他にボタンも含めることができます。

図1.6 Slack BOTの一例

1.1.3 BOTの実用例

　本節では、数多く公開されているBOTの中から実用的なものを挙げて紹介します。事例を見ながらアイディアを膨らませてください。

▶ カスタマーサポート

　EC（電子商取引）サイトや生命保険会社がカスタマーサポートの途中までをBOTに行わせています。これまでも電話のサポートで途中までをプッシュホンでやらせることがありましたが、それを進化させたシステムをイメージするとよいでしょう。

　処理は途中まで自動化できますし、ユーザーからするとWebのフォームと比べて問い合わせをしやすいといったメリットがあります。

▶ 情報配信BOT

　好みの情報のカテゴリを登録しておくと、それをもとに自分の求めるニュースや天気、新商品などの情報を返したり、プッシュしたりするBOTです。

情報配信系BOTの例として、本書では「お天気BOT」を作成します。

　ユーザーのメールアドレスはなかなか登録してもらえないですし、登録してもらってメールを送っても開封率が低く、コストの無駄遣いになりがちです。

　BOTの場合はいつでもブロックできるので登録障壁も低く、開封率も高いためメリットがあります。

▶ 雑談BOT

　ユーザーの入力を分析し、それに人間らしく返すようなBOTです。

　犬と会話している風、女子高生風だったり、しりとりを一緒に遊んでくれたりします。

雑談BOTの例として、本書ではIBM Watson Conversationを使った実装を行います。

IoT BOT

BOTを通じて遠くにある家電やセキュリティシステムなどを操作できるようになってきています。

これまでも専用アプリをセットにした防犯カメラなどはありましたが、インターフェースにBOTを採用することでシステムを安く構築することができます。また、採用側のクライアントもさまざまなものに対応できます。

ツール系BOT

これまではアプリで提供されることが多かったツール系のBOTです。

電卓機能を持っていたり、送ったテキストの翻訳をしてくれたり、写真を送ると顔にモザイクをかけて返してくれたりします。

アプリとして実装すればより便利ですが、LINEなどプラットフォームとなるアプリが端末に1つ入っていれば、新しくインストールする必要も切り替える必要もなくなるのは大きなメリットです。

ゲーム系BOT

リバーシや絵合わせなどのゲームができるBOTです。

ゲーム系BOTの例として、本書では「リバーシBOT」を作成します。

テキストチャットだけでなくタップができる画像やボタンを送ったりすることもできるので、手軽なゲームができるBOTも出始めています。

ルームホスト系BOT

伝言ゲーム、ビンゴ、人狼ゲームなどのホスト役をするBOTです。

LINEであれば、ほとんどすべてのユーザーがアカウントを持っているのでアプリのインストールの必要がなく、すぐにルームを作って友だちと遊び始めることができます。

ルームホスト系BOTの例として、本書では「ビンゴBOT」を作成します。

1.1.4 BOTの未来

　まだまだBOTはアプリに比べ技術的にできることは限られていますし、ユーザーも多くはありません。

　ですが今後、WebでできることをBOTでもできる機会が増えてきてユーザーが増えてくると、開発者も増え、WebやアプリがBOTに置き換わる日が来るかもしれません。

　また、人工知能が発達するとタップよりもテキストでの呼びかけが最も便利な入力方法になる日も来るかもしれません。

　今はまだシンプルな機能しか持たないBOTが主流です。しかし、少しずつさまざまなことがBOTでできるようになり、ユーザーが実現したい機能が1つのプラットフォームのチャットインターフェースでそれらがシームレスに完結できるような日が来れば、ユーザーとしてもうれしいですね。

Chapter 2

LINE BOTを作るための
準備をしよう

Chapter 2 では、LINE BOT を動かすためのスクリプトの
保存場所として利用する Heroku を紹介し、使い方も解説
します。

2.1 Herokuの基礎知識

本節ではLINE BOTの処理を行うスクリプトの置き場として利用するHerokuについて、どのようなものなのか、どのようなメリットがあるのか、利用することで何ができるようになるのか、どのような言語が利用できるのかの解説を行います。

Herokuとは PaaS（Platform as a Service）と呼ばれるサービスで、アプリケーションを実行するためのプラットフォームです。LINE BOTを制御するためには処理を記述したスクリプトが必ず必要になるのですが、Herokuはそのスクリプトをインターネット上に置くための場所になります。

LINE BOTに対してLINE上でユーザーから何らかのアクションが発生すると（例えば友だち追加や、呼びかけなど）、Webhookという形でLINE BOTにひも付けられたスクリプトにリクエストが送られます。その

> **Hint** Webhookとは、任意のURLにPOSTリクエストを送信することにより、サービス上で発生したイベントを通知する仕組みのことをいいます。

際、Webhookに格納されているさまざまなデータ（アクションの種類や呼びかけられたメッセージ、ユーザーのIDなど）がスクリプトに渡され、それらデータをもとにスクリプトが処理を行い、返答を行います。

昔はインターネット上にファイルを置いて動作させるためにはレンタルサーバーを借り、複雑な設定を行うことが必要でしたが、Herokuには使いやすいよう設定された環境がはじめから用意されており、スクリプトをアップロードするだけで動きます。しかも、少ないトラフィックであれば無料で利用できるので、本書ではこちらを利用します。

またHerokuではさまざまなプログラミング言語が利用できますが、今回は普及率を考慮してPHPを使って解説します。PHPは他の言語と比べ書き方に厳しい制限が少なく、記述やデバッグが簡単で便利なライブラリも数多くあります。今回のようなWebアプリケーションの開発には特によく使われています。

2.2 Herokuにアプリを登録／デプロイしよう

本節ではHerokuのアカウントの開設方法、利用するために便利なツールのインストールを行い、プロジェクトの作成方法、Herokuのプロジェクトとの接続方法を解説します。
プロジェクトの作成後は簡単なコードを書き、アップロードして動作の確認を行いましょう。

2.2.1 Herokuアカウントを開設する

まずはHerokuにアカウントを作成します。すでにアカウントをお持ちの方は次項（2.2.2「Heroku CLIのインストール」）まで読み飛ばしてください。

Herokuのホームページにアクセスします。

URL https://www.heroku.com/

次に［Sign Up］をクリックして登録します（図2.1）。［Primary Development Language］は使用する言語のことなので［PHP］を選択してください。

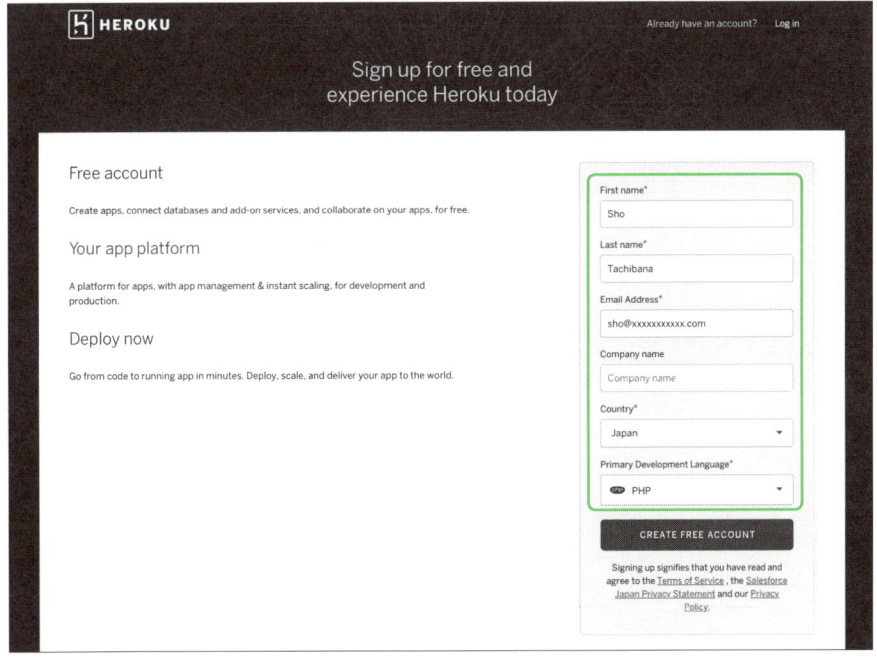

図2.1 Herokuアカウントの登録

2.2.2　Heroku CLIのインストール

次に、Heroku CLIもインストールしておきましょう。

本書では、プロジェクトの作成やデプロイ（ローカルで記述したファイルをHerokuに配置すること）は基本的にブラウザで行いますが、アプリケーションのステータスや発生したエラーなどのログを見るためにHeroku CLIが必要になります。

> **Hint** Heroku CLIとは、Herokuをコマンドを使ってローカルから制御するためのツールであり、インストールすることで、ログを見る他にも各種のコマンドをターミナル（Windowsの場合はコマンドプロンプト）からも実行できるようになります。

それでは、Heroku CLIをダウンロードするために以下のURLにアクセスしてください。

URL https://devcenter.heroku.com/articles/heroku-command-line/

OS別にインストーラーへのリンクが貼られていますので、該当するものをクリックし、インストールを完了させてください（図2.2）。

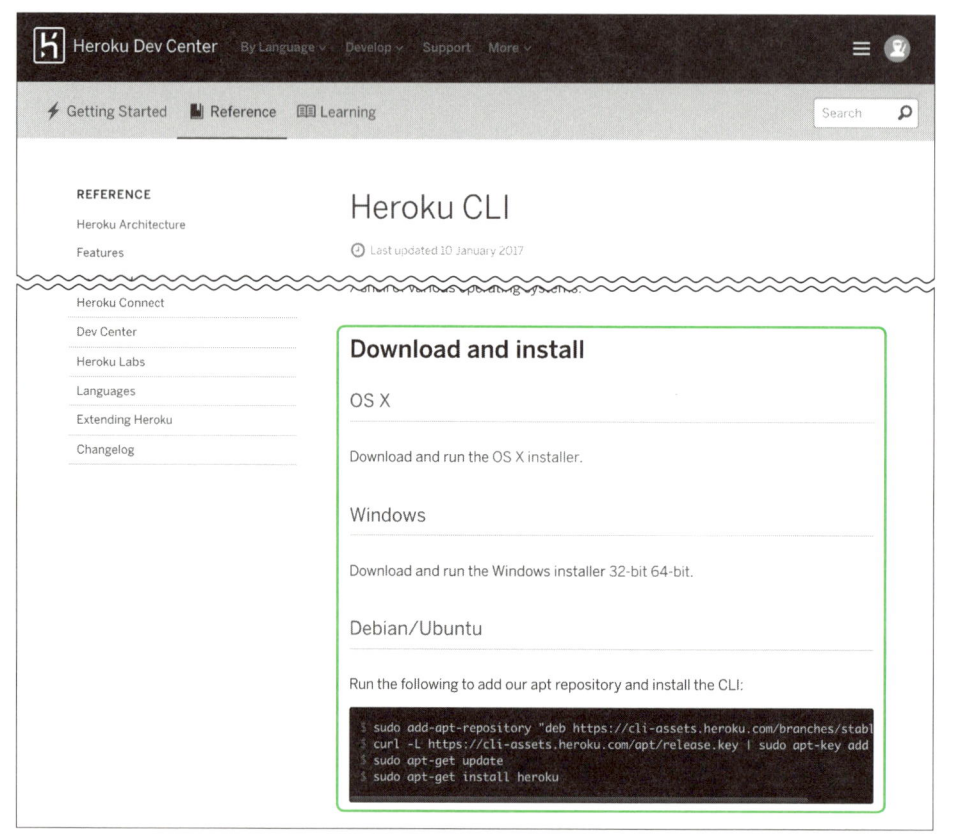

図2.2 Heroku CLIのインストール

インストールが完了したらターミナルを開いてください。以下のコマンドを打ち込んでみましょう。

```
heroku
```

Heroku CLIのインストールが正常に完了していれば図2.3のような実行結果が返ってきます。

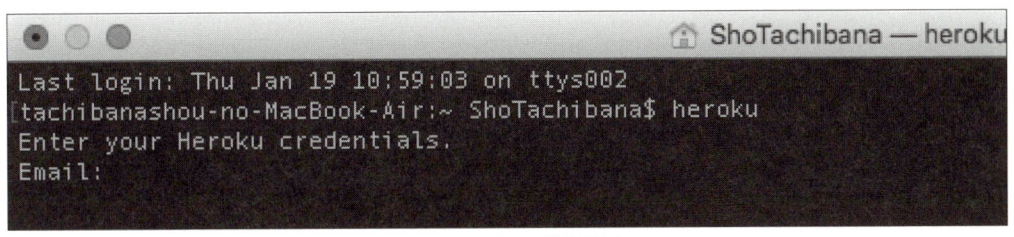

図2.3 インストールが完了した

Herokuの登録時に使用したメールアドレスを入力し［Return］キー、次にパスワードを入力し［Return］キーを押し、認証を完了させておいてください。これでHeroku CLIのインストールは終了です。

2.2.3 プロジェクトの作成

Herokuにサインアップできたらログインしてください。続いてプロジェクトを作成します。プロジェクトにはスクリプトや画像、ライブラリ、データベースなどを置くことができ、1つのBOTに対して1つのプロジェクトがひも付いています。

右上の［New］→［Create new app］をクリックしてください（図2.4）。

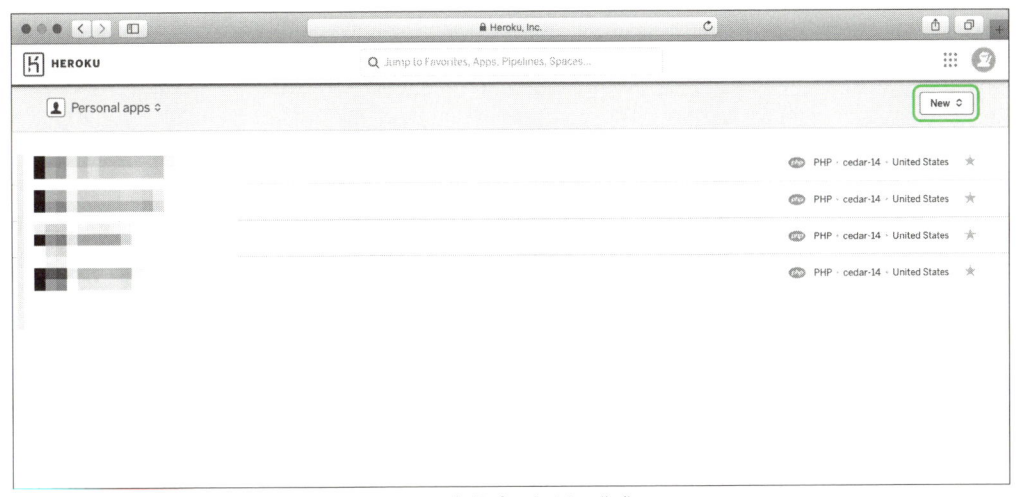

図2.4 新規プロジェクトの作成

[App Name]にはアプリ名を、[Runtime Selection]はそのままで[Create App]をクリックしてください（図2.5）。なお、他のユーザーも含めてHeroku上にすでに登録されているアプリと同じ名前だと登録ができませんので注意してください。

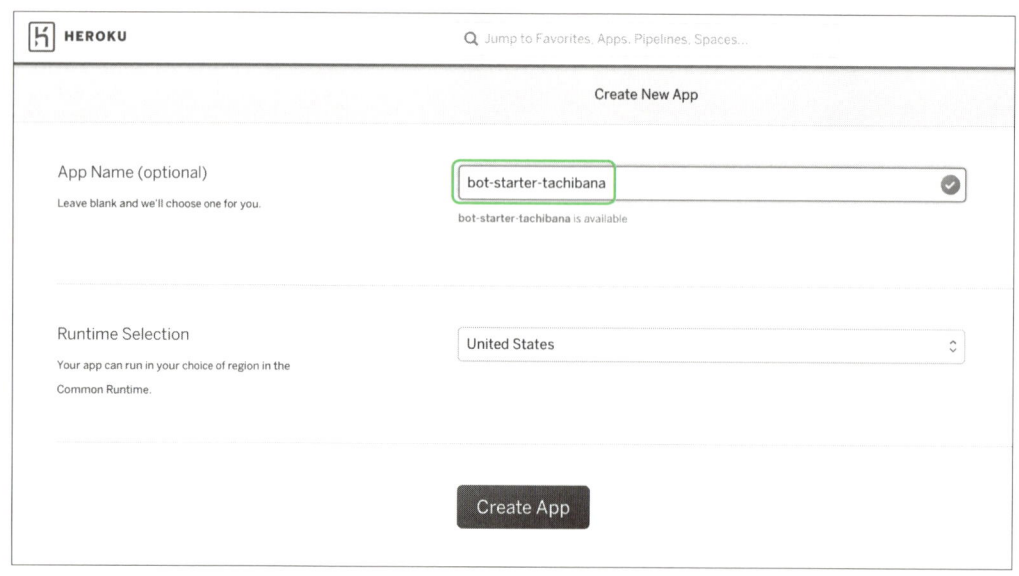

図2.5 App Nameの入力

2.2.4 Dropboxと接続する

Herokuにデプロイする方法はいくつかあるのですが、本書では一番簡単なDropboxを使ってデプロイを行います。

Dropboxはクラウドストレージサービスと呼ばれるもので、インターネット上にデータを保存できるサービスです。ローカルのフォルダをDropboxに登録すると、そのフォルダに置いたファイルはインターネット上にアップロードされ、他のマシンやスマホなどと同期が可能になります。

Hint Dropboxのアカウントをお持ちでない方は以下のURLからアカウントを作成しておきましょう。
URL https://www.dropbox.com/

Herokuの管理画面で先ほど作成したアプリケーションをクリックし、上部のタブから[Deploy]をクリックします（図2.6）。[Deployment Method]→[Dropbox]を選択すると新しく[Connect to Dropbox]というメニューが表示されるので、そこにある[Connect to Dropbox]ボタンをクリックしてください。

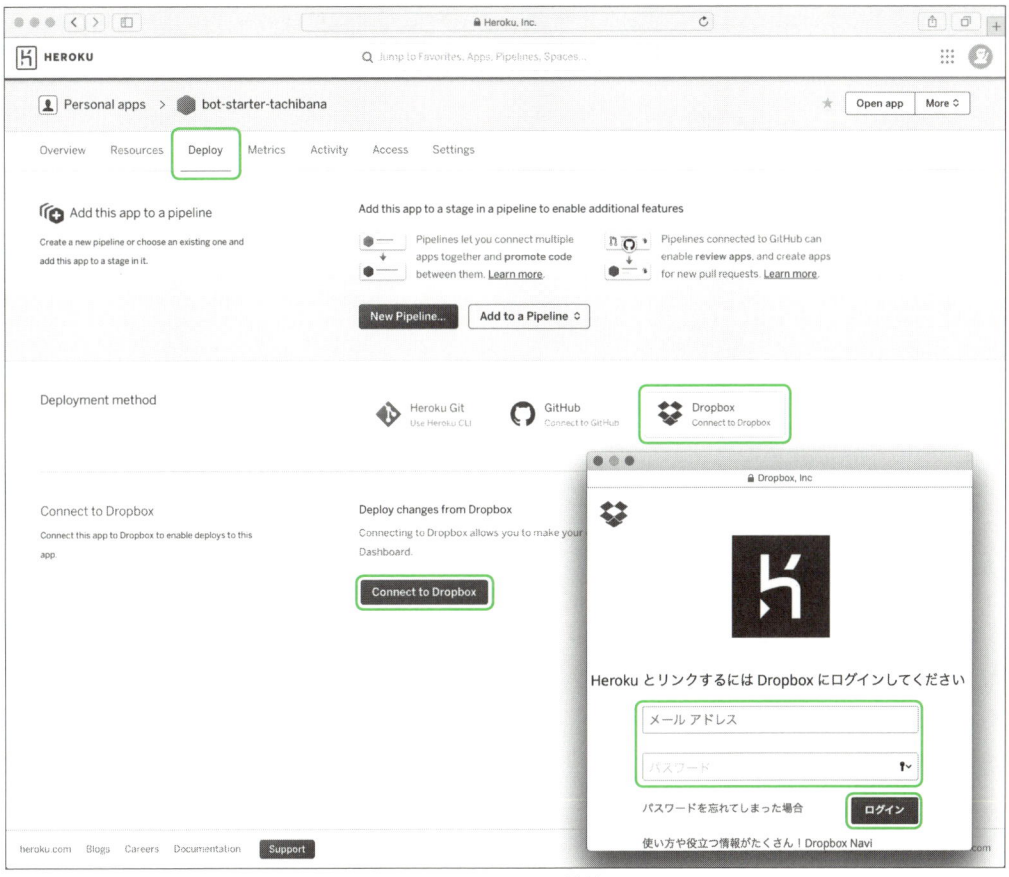

図2.6 Dropboxに接続

　図2.7のように、Dropbox上に/アプリ/Heroku/（アプリ名）というフォルダが自動的に作られ、ローカルに同期されます。このフォルダを今後プロジェクトフォルダと呼びます。

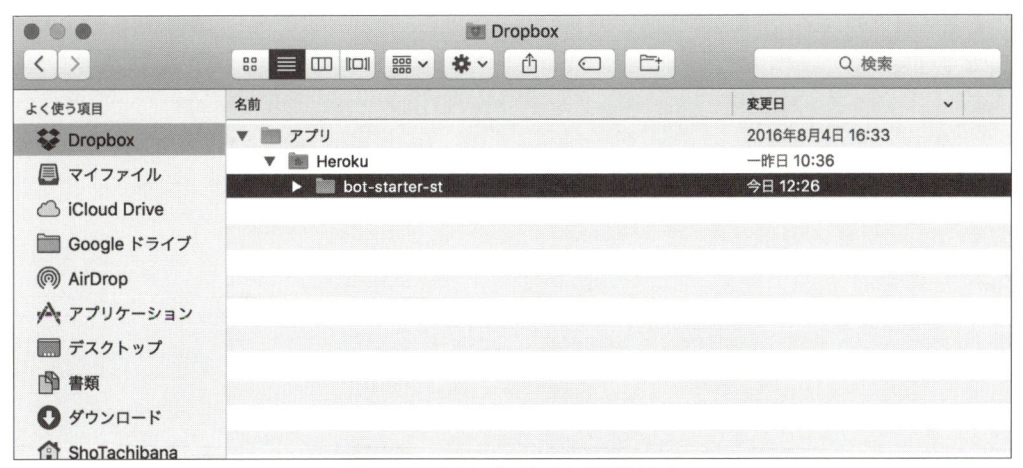

図2.7 ローカルにプロジェクトが同期された

このフォルダにスクリプトや画像などを置くと、常に最新の状態のファイルがDropboxにアップロードされます。Herokuのダッシュボード上でデプロイを行うとHerokuがDropboxからファイルを読み取り、Heroku上に配置されます。

2.2.5 エディタのインストール

エディタは各自お好きなものをご用意ください。PHPのシンタックスハイライトに対応しているものが便利です。

筆者はAtomを利用しています。Mac、Windows共に対応しており、以下から無料でダウンロード、インストールできます。

URL https://atom.io/

2.2.6 PHPのインストール

LINE BOTを利用するのに便利なSDKが用意されていますので、本書ではそちらを使ってBOTを開発します。後ほどComposerというパッケージ管理システムを利用しますが、そのためにはPHPが必要なため、インストールしましょう。なお、Macをお使いの方はPHPが最初から入っていますが、LINE BOT SDKを使うにはローカルのPHPのバージョンが5.6以上でなくてはなりません。

● Macの場合

ターミナルを開き「php -v」と入力して、バージョンを確認します。5.5以下だった場合は次の手順で5.6にアップデートしましょう。

まずは以下のコマンドを実行してください。途中で管理者のパスワードを聞かれるので入力してください。

```
curl -s http://php-osx.liip.ch/install.sh | bash -s 5.6
```

この状態だとパスが通っていないので、通しておきましょう。パスを通すとターミナルからの実行時、フルパスを入力する手間が省けます。

```
open ~/.bash_profile
```

開いたファイルの最後の行に以下を追記し、保存します。

```
export PATH=/usr/local/php5/bin:$PATH
```

ファイルが開かず、「〜 does not exist.」と表示される時には、まず以下のコマンドでファ

イルを作成してから編集してください。

```
touch ~/.bash_profile
```

ターミナルを再起動してから再度「php -v」を実行し、5.6になっていることを確認します。

❯ Windowsの場合

Windowsをお使いの方は、まず以下のURLからインストーラーをダウンロードし実行します。

URL http://windows.php.net/download#php-5.6

［PHP5.6］→［x86 Non Thread Safe］にある［Zip］のリンクをクリックします（図2.8）。

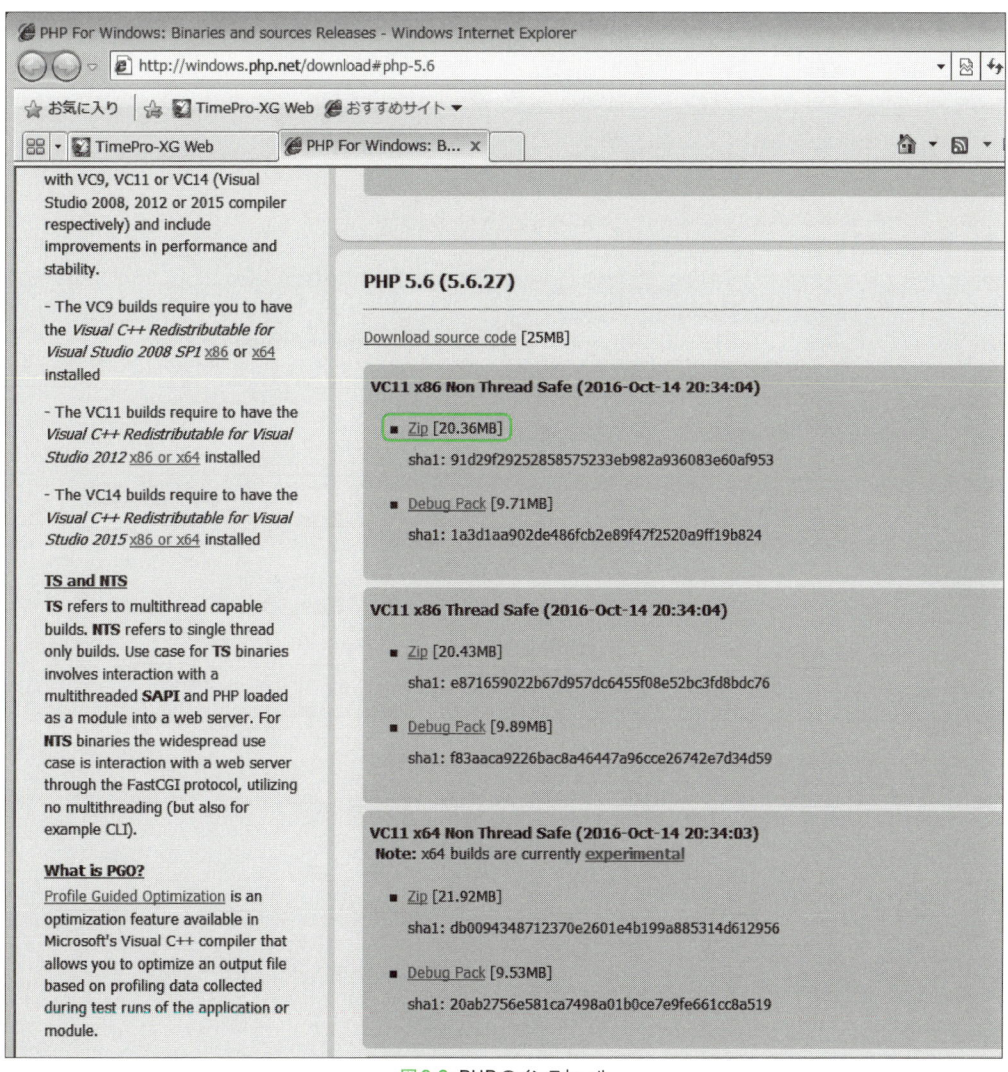

図2.8 PHPのインストール

ダウンロードしたzipファイルをフォルダに展開して、Cドライブ直下に移動します。

　次にパスを通しておきましょう。エクスプローラーを開き、以下の順番に選択して進み、値を入力して［OK］をクリックしてください（図2.9）。

① コントロールパネルを開く
② コントロールパネルの検索バーに「環境変数」と入力し、検索する
③ 見つかった項目のうち、［システム環境の編集］を選択する
④ 表示された［システムのプロパティ］ウインドウの［環境変数（N）...］ボタンをクリックする
⑤-A ユーザー環境変数に「PATH」という項目がなければ、［新規（N）...］をクリックし、変数名を「PATH」変数値を「c:¥php」として、［OK］ボタンをクリックする
⑤-B 「PATH」という項目があれば選択して［編集（E）...］をクリックし、変数値の末尾に「;c:¥php」を追加して、［OK］ボタンをクリックする

　環境変数を変更し終わったら、マシンを再起動します。

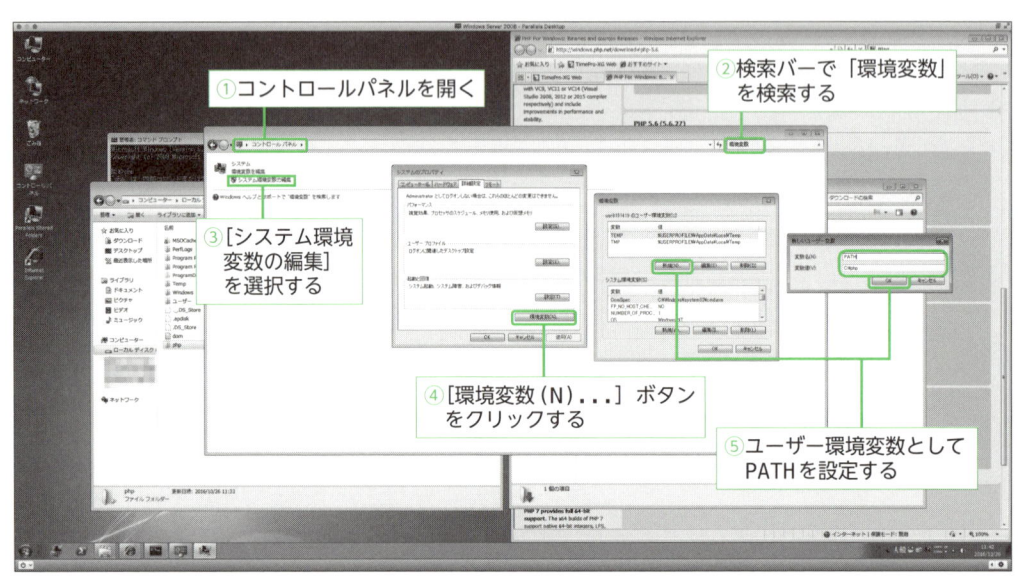

図2.9 環境変数の設定

　コマンドプロンプトを開き、「php」と入力し［Enter］キーで実行します。必要なファイルがない場合はエラーダイアログが出ます（図2.10）。

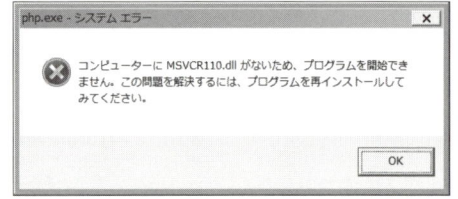

図2.10 エラーダイアログ

この場合は「Visual Studio 2012 更新プログラム 4のVisual C++ 再頒布可能パッケージ」をインストールすれば必要なファイルが入りますので、以下のURLを開き、インストールしておきましょう（図2.11）。

URL https://www.microsoft.com/ja-jp/download/details.aspx?id=30679

図2.11　必要なファイルのダウンロード

[x86] を選択しダウンロードしたあと、ダブルクリックしてインストールします（図2.12）。

図2.12　ダウンロード確認画面

再度コマンドプロンプトを開き、「php -v」と入力してPHPのバージョンが表示されればインストールは完了です（図2.13）。

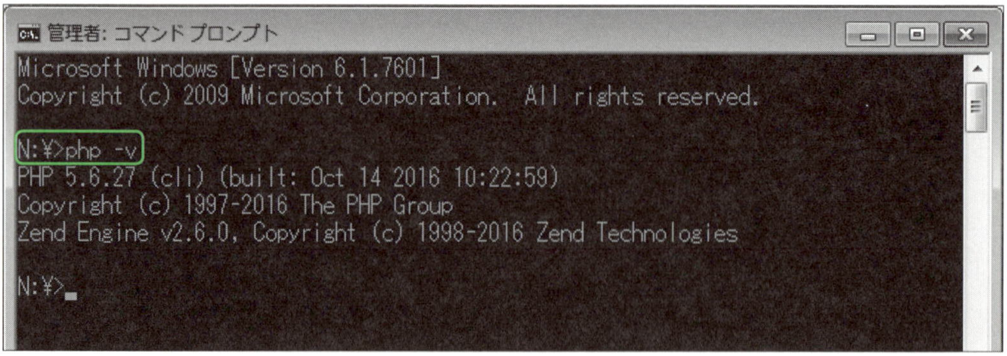

```
管理者: コマンド プロンプト
Microsoft Windows [Version 6.1.7601]
Copyright (c) 2009 Microsoft Corporation.  All rights reserved.

N:¥>php -v
PHP 5.6.27 (cli) (built: Oct 14 2016 10:22:59)
Copyright (c) 1997-2016 The PHP Group
Zend Engine v2.6.0, Copyright (c) 1998-2016 Zend Technologies

N:¥>_
```

図2.13 phpのバージョンが表示される

まだ必要なファイルが足りないというエラーが出る場合は、以下のURLを開いた検索画面で見つかった他の再頒布可能パッケージもインストールしてみてください。

URL https://www.microsoft.com/ja-jp/download/search.aspx?q=Microsoft+Visual+C

2.2.7 Hello World!

ではHerokuの動作確認のため、シンプルに「Hello World!」と出力してみましょう。

先ほど2.2.4「Dropboxと接続する」で作成したプロジェクトフォルダにindex.phpという名前のファイルを作成し、以下のように入力して保存してください。

```php
<?php

echo "Hello World!";

?>
```

保存するとDropboxに同期されるので、終わるのを待ちましょう。同期中は図2.14のようにメニューバーのDropboxアイコンが変化しますので、消えたら同期が完了したことを示しています。

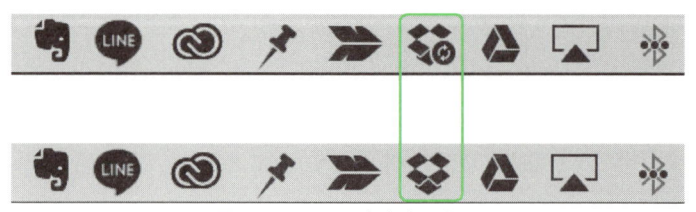

図2.14 Dropbox保存中⇒完了

2.2.8 デプロイ

デプロイとは、開発しているプロジェクトやスクリプトなどをネットワーク上に配置し利用できるようにすることです。今の段階ではプロジェクトもPHPのスクリプトもローカルにあり、ローカルにサーバーと同じ環境を再現しないと動作を確認することはできませんが、デプロイすることでネットワーク上に展開され、Herokuが提供するURLにアクセスすることでブラウザやターミナルで動作を確認できるようになります。

それでは、Dropboxへの同期が終わったらプロジェクトをHerokuにデプロイしましょう。Herokuのホームページからプロジェクトを選択、[Deploy] タブをクリック、下のほうに[Deploy] ボタンがあるので、クリックします（図2.15）。

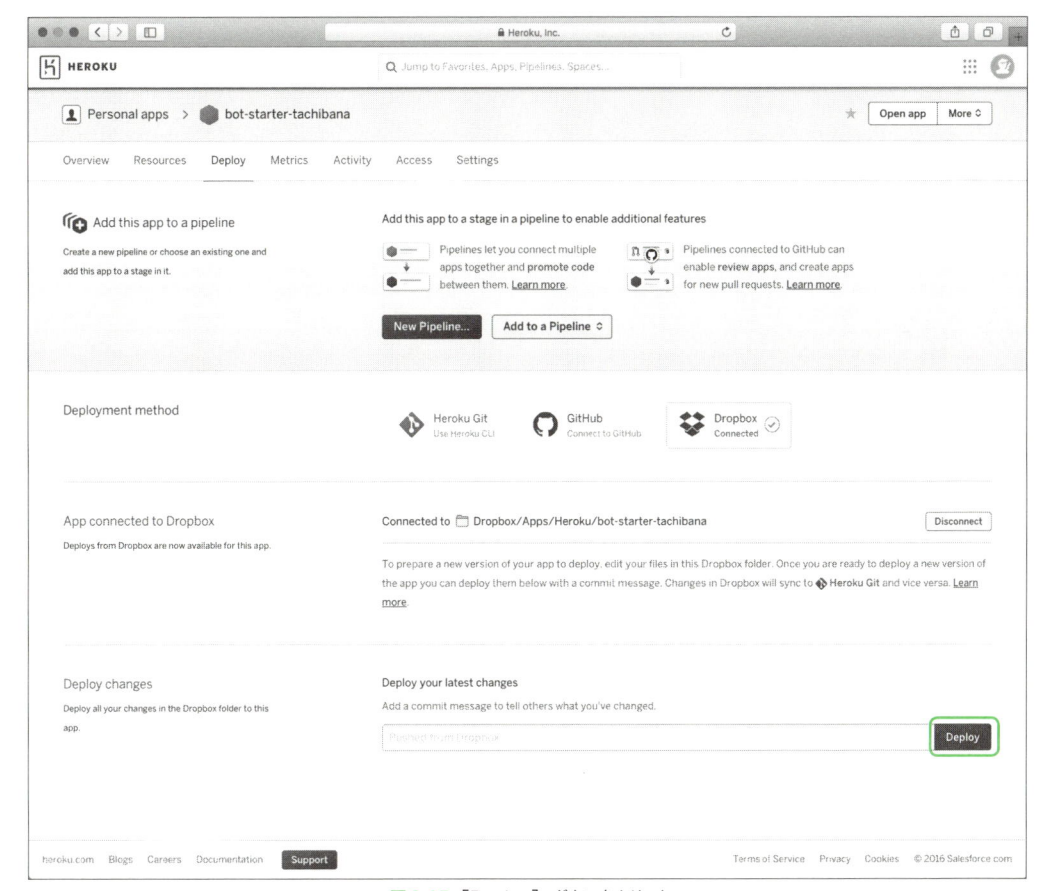

図2.15 [Deploy] ボタンをクリック

エラーがなければDropbox上のファイルがHerokuにデプロイされます（図2.16）。

図2.16 デプロイ完了

エラーが出る場合は一度Dropboxとの接続を解除し、もう一度同じ手順で接続してみてください。

それでは、実際にブラウザでデプロイが成功したか確認してみましょう。Herokuの管理画面右上の［Open app］ボタンをクリックします（図2.17）。

図2.17 ［Open app］ボタン

ブラウザに「Hello World!」と表示されればデプロイは成功です（図2.18）。

図2.18 Hello World!が表示された

2.3 その他の必要な設定

> Heroku などの最新の PaaS では、ユーザーの好みに合わせて設定を変えることが可能です。本節では、LINE BOT を Heroku 上で運用していくために必要な設定を解説します。

最後に、Heroku にデプロイしたプロジェクトの動作設定を、Procfile を使って指定しましょう。Procfile とは Heroku にデプロイしたアプリケーションに関する設定を指定するファイルで、使う Web サーバーの種類、ドキュメントルート、条件を指定してのリダイレクト先の指定などが可能です。今回は使う Web サーバーのみ指定しておきましょう。

まずはプロジェクトフォルダに Procfile という名前のファイルを新たに作成します（図2.19）。拡張子は必要ありません。

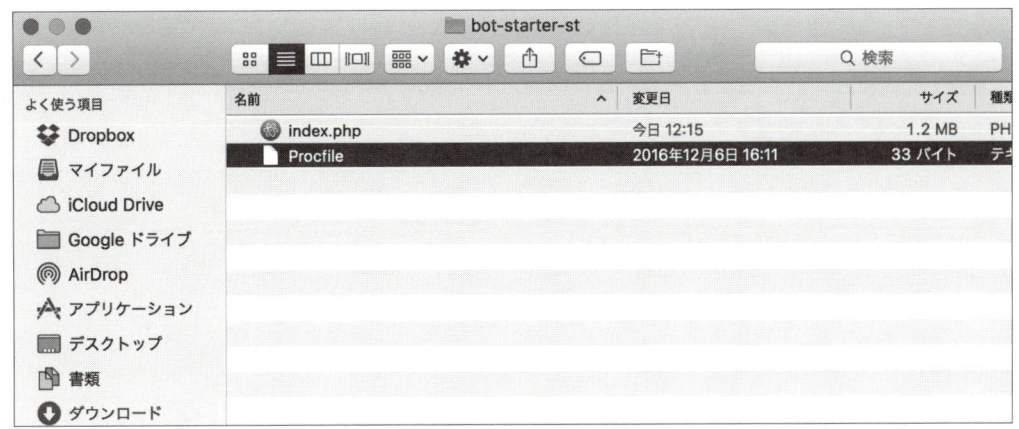

図2.19 Procfileの作成

Procfile ができたら、以下のように編集し、保存してください。

```
web: vendor/bin/heroku-php-nginx
```

これで Web サーバーに Nginx（エンジンエックス）を使うよう指定することができました。Nginx は Apache に代表される Web サーバーの1つなのですが、Apache と比べはるかに高機能なのではじめからこちらを使いましょう。なお、指定しない場合は Apache が使われます。

Procfile が存在するプロジェクトをデプロイすれば、以後は設定した環境で実行されます。

2.4 LINE BOT SDK を ダウンロードしよう

本節ではプロジェクトへの LINE BOT SDK のインストールを解説します。SDK をインストールすることで LINE BOT が持つ機能を簡単に利用することができるようになります。
また、インストールにはパッケージ管理システムである Composer を利用しますので、こちらの詳しい解説とインストール方法についても解説します。

2.4.1 Composer のインストール

PHP が使えるようになったので LINE BOT SDK をプロジェクト上にダウンロードしましょう。LINE BOT SDK は Composer を使ってインストールするため、まずはマシンに Composer をインストールします。

● Composer について

通常 PHP でプロジェクトを開発する時には、以下のような目的で外部のライブラリを追加して利用することがあります。

- ⊘ 画像の編集や合成など、自分で作ると多大な時間がかかる機能を追加する
- ⊘ HTTP 通信などの助長なコードを書くことなく簡単に複雑な機能を利用できるようにする

しかし一方で、外部ライブラリの導入にはメリットだけでなくデメリットもあり、プロジェクトを動かしている環境によってバージョンを変えなくてはいけなかったり、複数のライブラリを入れている場合はその複雑に絡まりあった依存関係も整理しておかなければなりません。

Composer はそのような問題を解決するために開発されたプロジェクトです。その機能を簡単に説明すると、構成ファイルにこれから利用するライブラリを記載しておけば、コマンドを打つだけでそのライブラリと、必要なすべての依存関係をダウンロードすることができる便利なツールです。

これにより、環境が変わったり大きなプロジェクトで依存関係が複雑になっても、衝突することなく必要なものだけを自分のプロジェクトに一発で組み込むことができるようになります。

❯ Mac の場合

Macをお使いの方はターミナルを開き、以下のコマンドを入力し実行します。

```
sudo curl -sS https://getcomposer.org/installer | php
```

管理者のパスワードを聞かれたら入力してください。応答があるまで数分かかることがあります。

Composerのインストールが完了すると、図2.20のような画面になります。

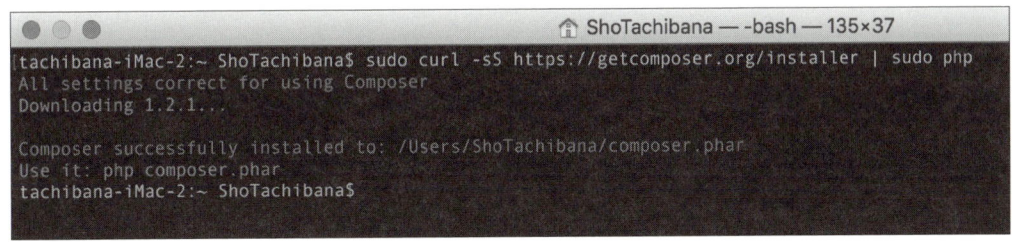

図2.20 Composerのインストールが完了

次に、以下のコマンドを入力し、マシンを再起動します。パスが通り、Composerが利用できるようになりました。

```
mv composer.phar /usr/local/bin/composer
```

❯ Windows の場合

Windowsをお使いの方は、以下のURLからComposer-Seup.exeをダウンロード後、インストールしてください。

URL https://getcomposer.org/doc/00-intro.md#installation-windows

 Hint Windowsの場合、Composerのインストールに失敗する場合があります。その場合は「php.ini」というファイルを編集する必要があります。
編集方法は2.4.2を参照してください。

念のためマシンを再起動させてから以下のコマンドを入力し、Composerが正常にインストールされたか確認します。

```
composer -V
```

図2.21のようにバージョンが表示されれば正常にインストールされています。

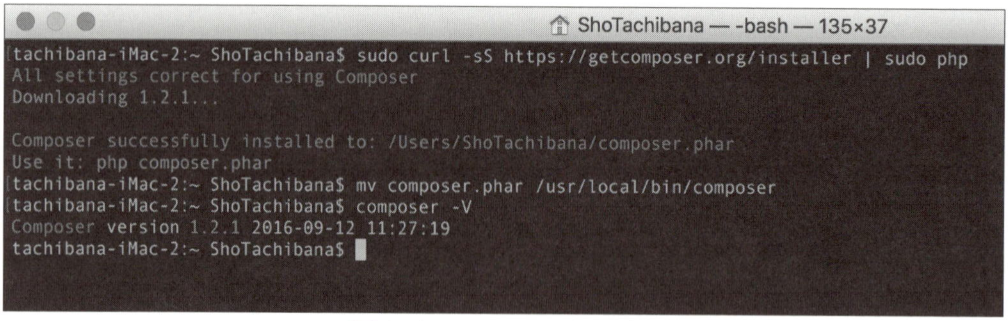

図2.21 Composerのインストール確認

2.4.2 SDKのダウンロード

では最初にComposerの構成ファイルであるcomposer.jsonを作成しましょう。Composer はこのファイルに書かれた内容をもとに、各種SDKやライブラリをプロジェクトにダウンロードします。Finder（以下Windowsの場合はエクスプローラー）ではなく、ターミナル（以下 Windowsの場合はコマンドプロンプト）を通じて作成します。

まずはプロジェクトフォルダに移動します。ターミナルを開き、以下のコマンドを実行してください。パスはDropboxの設定やアプリ名によって異なりますので適宜変更してください。

```
cd Dropbox/アプリ/Heroku/（2.2.3で作成したアプリ名）
```

筆者の場合は図2.22のようなパスになります。

```
tachibana-iMac-2:~ ShoTachibana$ cd /Users/ShoTachibana/Documents/Dropbox/アプリ/Heroku/bot-starter-st
```

図2.22 プロジェクトフォルダに移動

移動できたら以下のコマンドを実行します。

```
composer require linecorp/line-bot-sdk
```

少し待つと以下のような応答があります。

```
Using version ^1.4 for linecorp/line-bot-sdk
./composer.json has been created
Loading composer repositories with package information
```

```
Updating dependencies (including require-dev)
  - Installing linecorp/line-bot-sdk (1.1.0)
    Loading from cache

Writing lock file
Generating autoload files
```

　最初の行はline-bot-sdkのバージョン1.4を使うことを示しています。requireコマンドの際にバージョンを指定しなかった場合、マシンの環境で使える中で最新のバージョンが自動的に選択されることに注意してください。本番環境はHerokuですが、開発を行うのはローカルのため、ローカルのマシンにインストールされているPHPのバージョンが古い場合にアップデートする必要がありました。

　2.2.6「PHPのインストール」でPHPのバージョンを調べ5.6以上にアップデートしましたが、本書で利用するLINE BOT SDKのバージョン1.4はPHPのバージョンが5.5以下では使えません。そのため、応答の1行目が1.1未満（0.1.0など）になっている場合は先に進めませんので、PHPのバージョンを5.6以上にアップデートしてからrequireコマンドを実行してください。

　2行目以降は指定されたライブラリ（今回はLINE BOT SDK）がダウンロードされ、構成ファイルとロックファイルが作成されたことを示しています。

　Finderでプロジェクトフォルダを見るとcomposer.json、composer.lock、vendorフォルダができています（図2.23）。

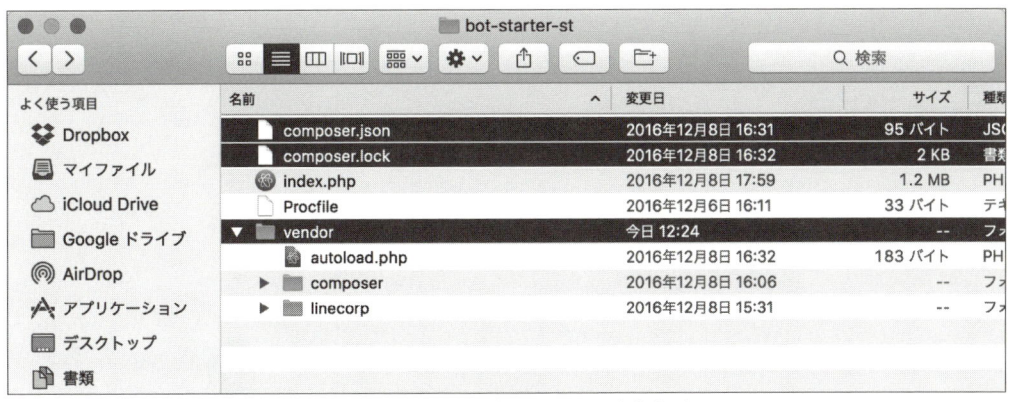

図2.23 Composerが必要なファイルを作成した

　vendorフォルダの中を見るとlinecorp/line-bot-sdkというフォルダができているのがわかります。これでプロジェクトフォルダにLINE BOT SDKがダウンロードされ、コードから利用できるようになりました。

なお、Windowの場合、上記のコマンドを実行した際にComposerで利用しているOpenSSL ライブラリの問題で図2.24のようなエラーが表示される場合があります。

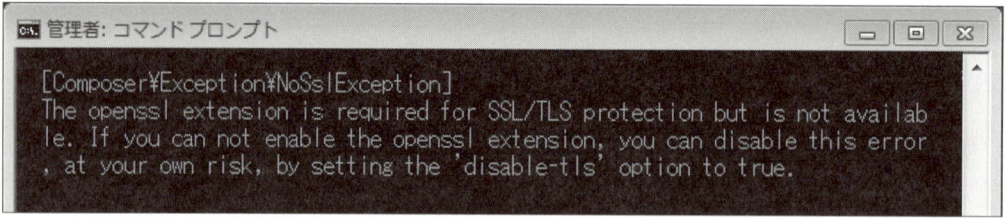

図2.24 OpenSSLのエラー

その際はphpフォルダの中のphp.ini-productionをコピーして「php.ini」にリネームしてから開き（図2.25）、

```
;extension=php_openssl.dll
```

の最初の「;」を消して保存してから再度コマンドを実行してください（図2.26）。

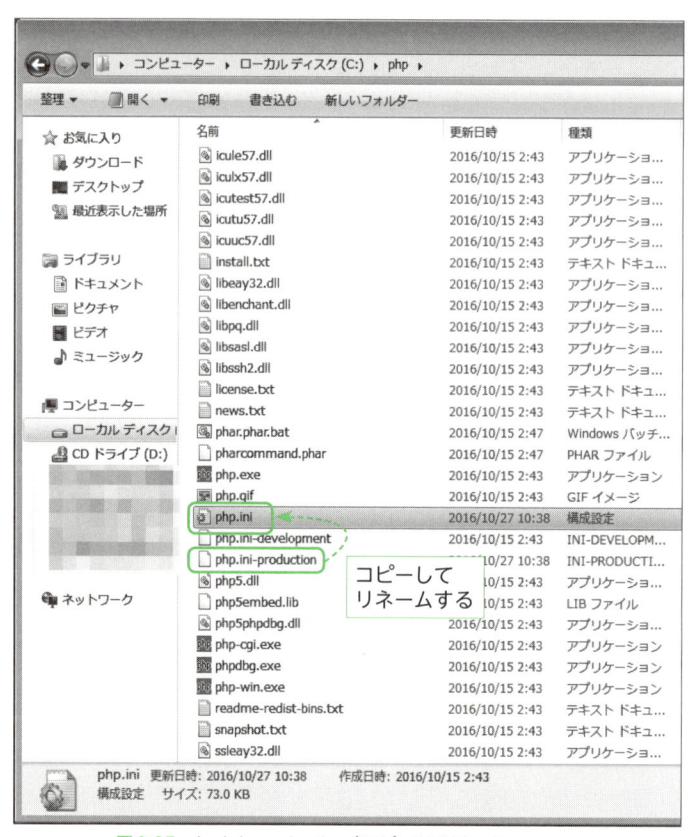

コピーして
リネームする

図2.25 php.ini-productionをコピーしてリネーム

> **Hint** Windowsの場合、php.iniでさらに「;extension_dir = "ext"」という行についても行頭の「;」を削除しなければならないケースがあります。

```
php.ini - メモ帳
ファイル(F)  編集(E)  書式(O)  表示(V)  ヘルプ(H)

;extension=php_gmp.dll
;extension=php_intl.dll
;extension=php_imap.dll
;extension=php_interbase.dll
;extension=php_ldap.dll
;extension=php_mbstring.dll
;extension=php_exif.dll          ; Must be after mbstring as it depends on it
;extension=php_mysql.dll
;extension=php_mysqli.dll
;extension=php_oci8_12c.dll    ; Use with Oracle Database 12c Instant Client
extension=php_openssl.dll
;extension=php_pdo_firebird.dll
;extension=php_pdo_mysql.dll
;extension=php_pdo_oci.dll
;extension=php_pdo_odbc.dll
;extension=php_pdo_pgsql.dll
;extension=php_pdo_sqlite.dll
;extension=php_pgsql.dll
;extension=php_shmop.dll

; The MIBS data available in the PHP distribution must be installed.
; See http://www.php.net/manual/en/snmp.installation.php
;extension=php_snmp.dll

;extension=php_soap.dll
;extension=php_sockets.dll
;extension=php_sqlite3.dll
;extension=php_sybase_ct.dll
;extension=php_tidy.dll
;extension=php_xmlrpc.dll
;extension=php_xsl.dll

;;;;;;;;;;;;;;;;;;;;
; Module Settings ;
;;;;;;;;;;;;;;;;;;;;

[CLI Server]
; Whether the CLI web server uses ANSI color coding in its terminal output.
cli_server.color = On

[Date]
; Defines the default timezone used by the date functions
; http://php.net/date.timezone
;date.timezone =
```

図2.26 php.iniを編集

これでLINE BOT SDKを使うための準備が完了しました。

Hint プロジェクトフォルダにcomposer.json、composer.lock、vendorフォルダが作成されましたが、これらのファイルはそれぞれどのような役割なのかを軽く解説しておきます。

composer.jsonは使うライブラリとそのバージョンを記しておくファイルです。このファイルが存在するフォルダでコマンド「composer install」を実行すると、それぞれのライブラリの依存関係をチェックし、必要なものだけをvendorフォルダにダウンロードしてくれます。
その際作成されるのがcomposer.lockであり、composer.jsonにあるライブラリを取得する際、実際にどのライブラリがダウンロードされたかが記載されます。

例えばチームで開発している際に新しく同一のプロジェクト環境を作りたい時などには、composer.lockがあればコマンド「composer install」を実行した時、はじめにライブラリをインストールした人と同じライブラリ、バージョンのものを、依存関係のチェックを飛ばしてダウンロードすることができます。
Herokuにおいても、デプロイ時にvendorフォルダは無視され、Heroku上でcomposer.lockを参考に環境が作られることになります。
そのため、composer.lockをはじめてデプロイする時は完了まで時間がかかります。デプロイ時の挙動はブラウザで見ることができますので、知りたい方は見てみるとよいでしょう。

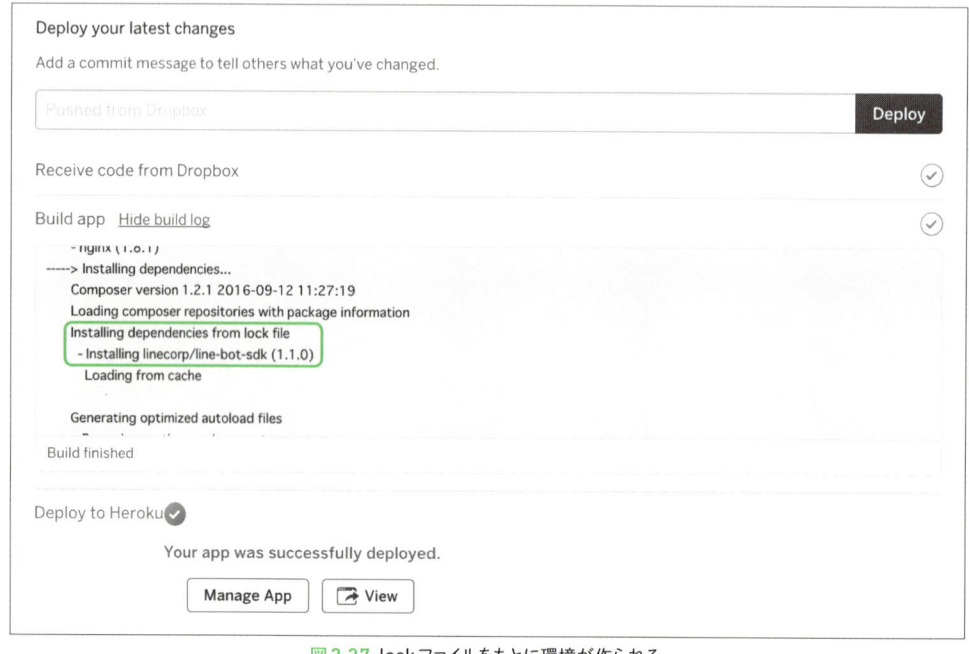

図2.27 lockファイルをもとに環境が作られる

Chapter 3

LINE BOTアプリの
基礎知識とひな型の作成

Chapter 3では、LINEの開発者登録と、BOTをひも付けて運用するチャンネルの登録を行います。さらに、BOT関連のクラスや関数をまとめたLINE Messaging APIと、送信可能な各種メッセージの解説を行います。

さらに、コピーして使いまわせるプロジェクトのひな型を作成します。どのBOTでもある程度の機能はまったく同じなので、

以降はこのひな型をベースに解説していきます。

3.1 デベロッパ登録／チャンネル作成をしよう

本節では、普段使っているLINEアカウントを利用して開発者としての登録を行います。その後、LINEの開発者用ページでBotを運用するためのアカウントを登録する手順と初期設定、友だち追加の手順を解説します。

3.1.1 デベロッパとして登録する

まずは、LINEに開発者として登録しましょう。
LINE Business Centerへアクセスします。

URL https://business.line.me/ja/

[ログイン] をクリックして、自分のLINEアカウント（スマートフォンなどで日常使っているアカウント）でログインします。スマートフォンを使った認証を要求された時は画面の指示に従い認証してください。

ログインが完了すると開発者として登録され、LINE BOTを作れるようになりました。

3.1.2 チャンネルとBOTを作成する

続いて上部の [アカウントリスト] タブをクリックし、[ビジネスアカウントを作成する] をクリックします（図3.1）。

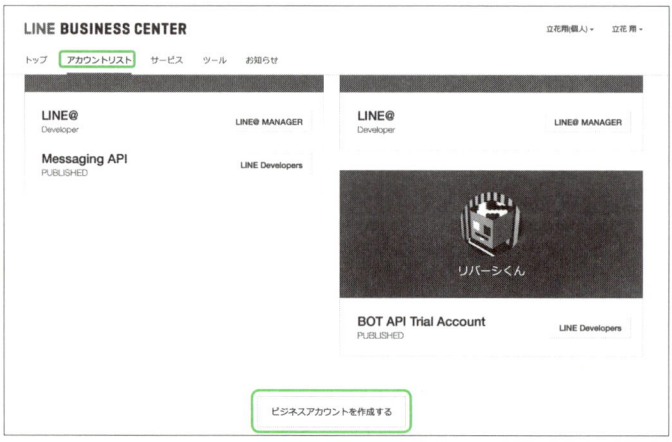

図3.1 新規アカウントの作成

一番下の［Messaging API］の項目にある［Developer Trialを始める］をクリックします（図3.2）。Developer TrialはLINE BOTのすべての機能を使えますが、友だち数は50人に制限されます。開発のために使われることを想定したアカウントとなります。

図3.2 Developer Trialを始める

「アカウント名」と書いてあるテキストをクリックし、好きなアカウント名を入力します。わかりやすいようHerokuのプロジェクトに関連する名前がいいでしょう。

続いて業種を選択します。今回は大業種を「ウェブサービス」、小業種を「エンターテインメント」としました。

終わったら［確認する］→［申し込む］と順にクリックします（図3.3）。申し込むと、LINE@のアカウントが作成されます。

図3.3 Developer Trialアカウントの作成例

LINE BOTアプリの基礎知識とひな型の作成

1 デベロッパ登録／チャンネル作成をしよう

LINE@ はLINE BOTの登場より前からLINEが運営しているサービスで、1対多のやりとりを想定した、情報発信やビジネス用途に便利な機能を持つLINEのアカウントとなります。LINE BOTはLINE@にひも付く形になりますので、LINE BOTを作成すると自動的にLINE@アカウントも作成されます。

[LINE @ MANAGER へ] ボタンをクリックして、左ペインから［アカウント設定］→［Bot設定］と進み、［APIを利用する］ボタンをクリックします（図3.4）。確認ダイアログが出るので［確認］をクリックしてください。

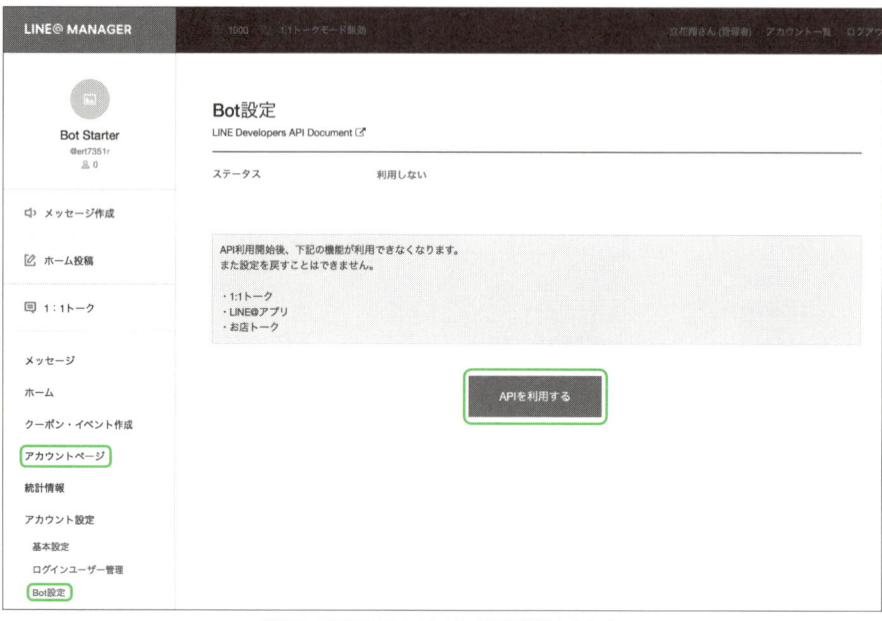

図3.4 LINE@アカウントにBOTが設定された

これでLINE@はBOTを利用する設定となりました。トークはBOTを利用することになりますので、「1：1トーク」などは利用できなくなっています。［Webhook送信］を「利用する」に、［自動応答メッセージ］を「利用しない」にチェックし、［保存］ボタンをクリックしておいてください（図3.5）。なお、自動応答メッセージを利用してしまうとユーザーから送られたメッセージはBOTに渡されなくなりますので注意しましょう。

図3.5 BOTの設定

続いて、BOTの詳細設定を行います。同じ画面、上のほうにある［LINE Developersで設定する］をクリックします（図3.6）。

Bot設定
LINE Developers API Document ⬀

ステータス　　　　　　　　利用中
　　　　　　　　　　　　　LINE Developersで設定する ⬀

利用可能なAPI　　　　　　**REPLY_MESSAGE**
　　　　　　　　　　　　　PUSH_MESSAGE

リクエスト設定
LINE Platformからあなたのサーバへの送信リクエストを設定します。

Webhook送信　　　　　　⦿ 利用する
　　　　　　　　　　　　　◯ 利用しない

図3.6　LINE Developersへ移動

下部の［Edit］をクリックし、Webhook URLを「https://（Chapter 2で作成したHerokuのプロジェクト名）.herokuapp.com/」と入力します（図3.7）。

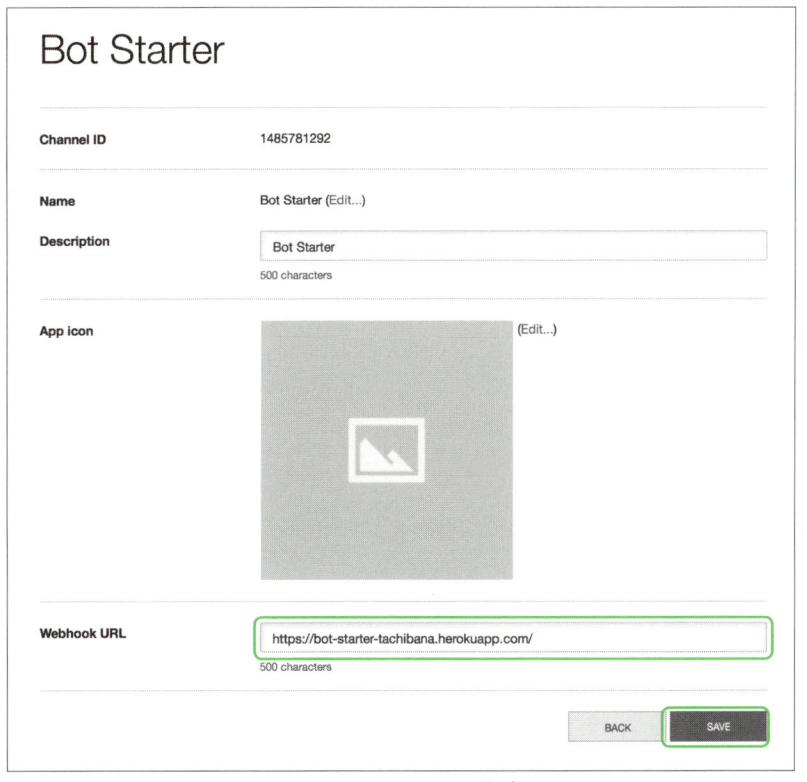

Bot Starter

Channel ID	1485781292
Name	Bot Starter (Edit...)
Description	Bot Starter
	500 characters

App icon　　　　　　　　　　　　　　　　　　(Edit...)

Webhook URL　　　https://bot-starter-tachibana.herokuapp.com/
　　　　　　　　　　　500 characters

BACK　　SAVE

図3.7　Webhook URLの設定

これでこのBOTへ送られたメッセージはHerokuへと渡されるようになりました。

またChannel Secret、Channel Access Tokenが後ほど必要になりますので、それぞれ [show] ボタン、[issue] ボタンをクリックして、表示されたテキストを控えておいてください（図3.8）。

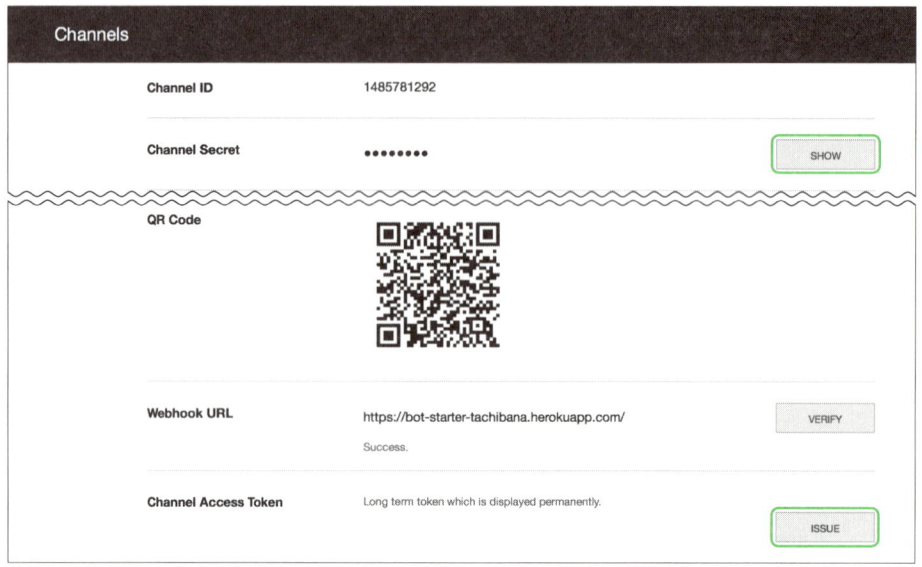

図3.8 Channel Secret、Channel Access Tokenを取得

また、表示されているQRコードはこのLINE@アカウントを友だちに追加するためのものです。後ほど動作確認をするので、スマートフォンのLINEアプリを開いて友だちページから読み取り、友だちになっておきましょう（図3.9）。

図3.9 BOTがひも付いたLINE@アカウントを友だちに追加

3.2 情報ページの見かたを知ろう

本節では、LINE BOTの作成や設定を行うLINE側のページの見かたを解説します。
いくつかのサイトをまたいで設定しなければいけないので、ここでそれぞれの役割を覚えてしまいましょう。

3.2.1 LINE Business Center

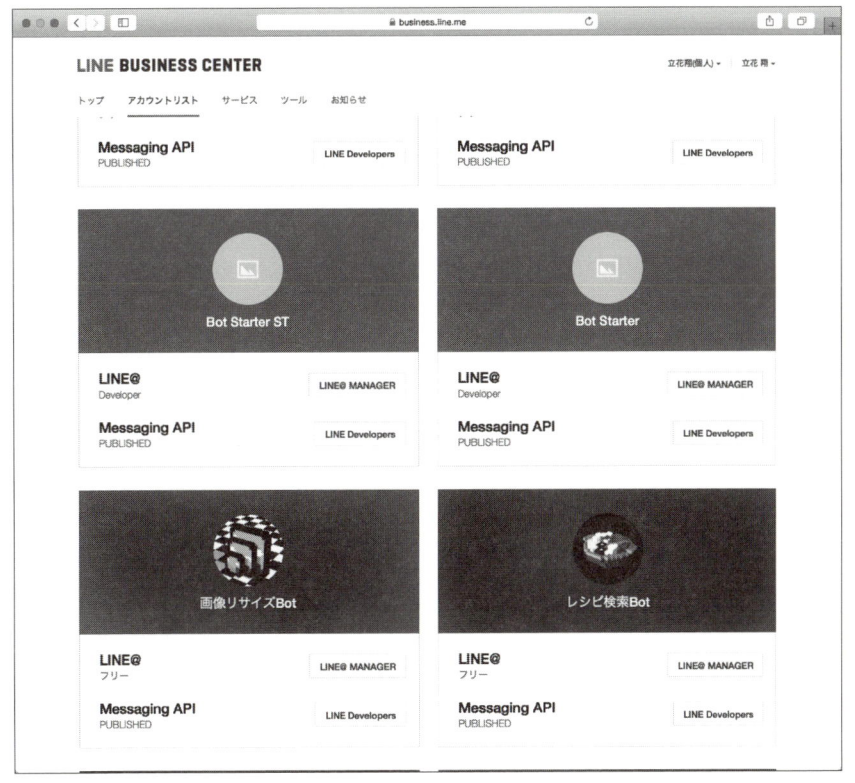

図3.10 LINE Business Center

LINE Business Center（図3.10）では、BOT（LINE Messaging API）だけでなく、LINE LoginやLINE@のチャンネルを作成することができます。

各種チャンネルをまたいでチャンネル一覧を確認することが可能です。

3.2.2 LINE@ Manager

図3.11 LINE@ Manager

LINE@ Manager（図3.11）では、LINE@アカウントの確認、設定が可能です。BOTはLINE@にひも付く形になりますので、新しいBOTを作る際にはLINE@アカウントを作成後、LINE@ ManagerでBOTを追加する、という流れになります。

BOTの動作設定や友だちに追加された時などの自動返信メッセージを設定したり、BOTとのタイムライン上に表示するリッチコンテンツ（図3.12）の設定もLINE@ Managerで行います。

図3.12 リッチコンテンツの一例

3.2.3 LINE Developers

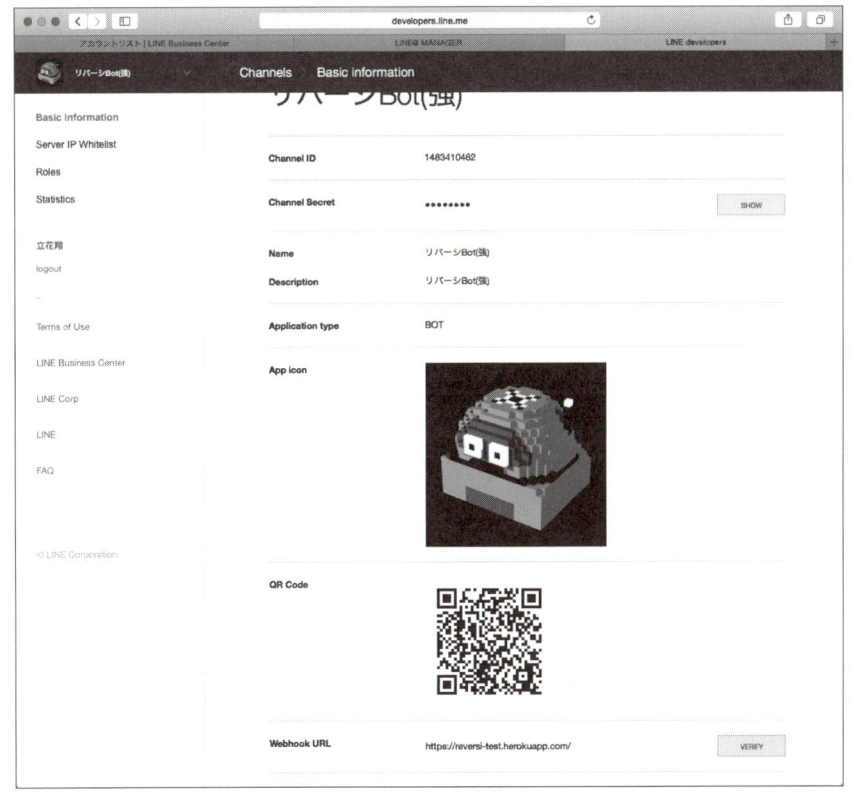

図3.13 LINE Developers

LINE Developers（図3.13）では、BOTに対して以下のような開発者向けの高度な設定を行うことができます。

- ⊘ サーバーのIPを制限する
- ⊘ コーディングの際に必要なChannel SecretやChannel Access Tokenを取得する
  など

新たにBOTを作成した時には、コーディングに入る前にLINE DevelopersでBOTのリクエストを処理するURLとChannel SecretとChannel Access Tokenを取得する必要があります。

3.3 LINE BOT APIでできること

本節では、LINE BOTの基本的な処理の流れを解説します。
ユーザーから送られたメッセージがLINE BOTに渡されるのでそれをキャッチし、ユーザーに
テキストを送り返してみましょう。

ではこれから、LINE Messaging APIの基礎的な処理について解説します。

3.3.1 メッセージ受信

まずは、どんなリクエストがAPIからHerokuに渡されるのかを理解するため、ユーザーか
らBOTに向けて送信されたメッセージをHeroku上にデプロイしたスクリプトで取得、出力
してみましょう。

Chapter 2で作成したプロジェクトを使います。図3.14のような構成になっていることを
確認してください。vendorフォルダは削除してもかまいません。

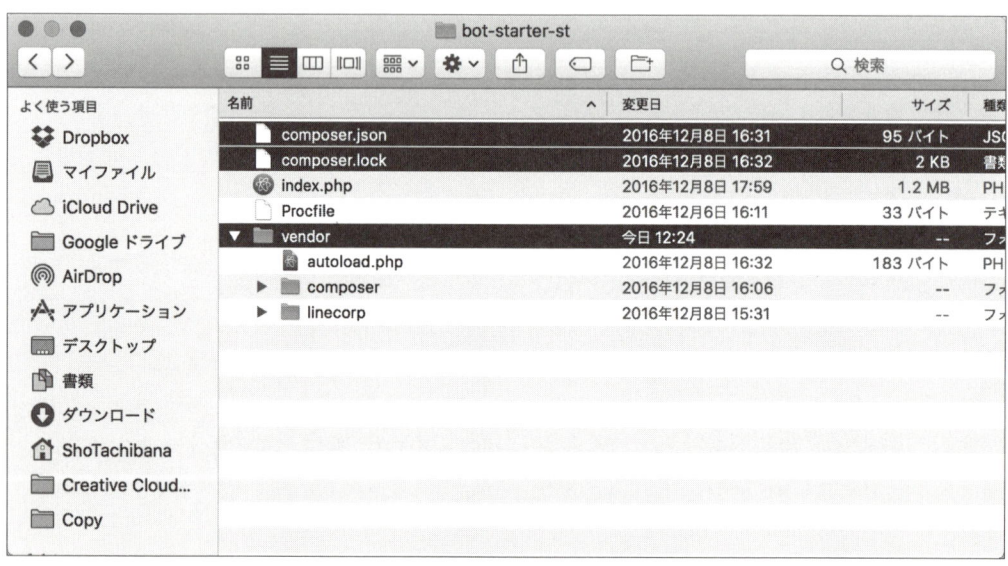

図3.14 現在のプロジェクト構成

index.phpを開き、以下のように編集してください。

```php
<?php

// Composerでインストールしたライブラリを一括読み込み
require_once __DIR__ . '/vendor/autoload.php';

// POSTメソッドで渡される値を取得、表示
$inputString = file_get_contents('php://input');
error_log($inputString);

?>
```

保存したらHerokuの管理画面からデプロイしてください。

APIからはPOSTメソッドで値が渡されますので、`file_get_contents('php://input')`で内容を取得できます。`error_log`関数を使うとログを出力できます。Heroku上のプロジェクトで出力されたログは、Chapter 2でインストールしたHeroku CLIコマンドで確認できます。

ターミナルを開き、以下のコマンドを実行してください。アプリ名は各自異なりますので、同じくChapter 2で作成したHerokuのプロジェクト名に変更してください。

```
heroku logs --app Chapter 2で作成したHerokuのプロジェクト名 --tail -s app
```

Heroku CLIのインストールと認証が完了していれば、ログが表示されます。`--tail`オプションを付けるとリアルタイムで確認することができます。この状態で先ほど友だちになっておいたBOTに、LINEアプリから呼びかけてみましょう（図3.15）。

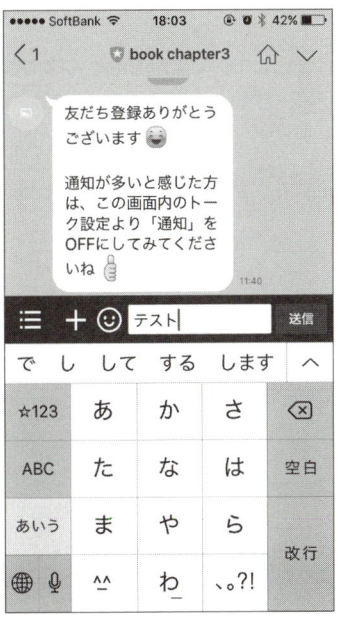

図3.15 適当にBOTに呼びかける

ログを見ると、BOTからメッセージが渡されたことと、どのようなパラメータが付与されているかを確認することができます（図3.16）。

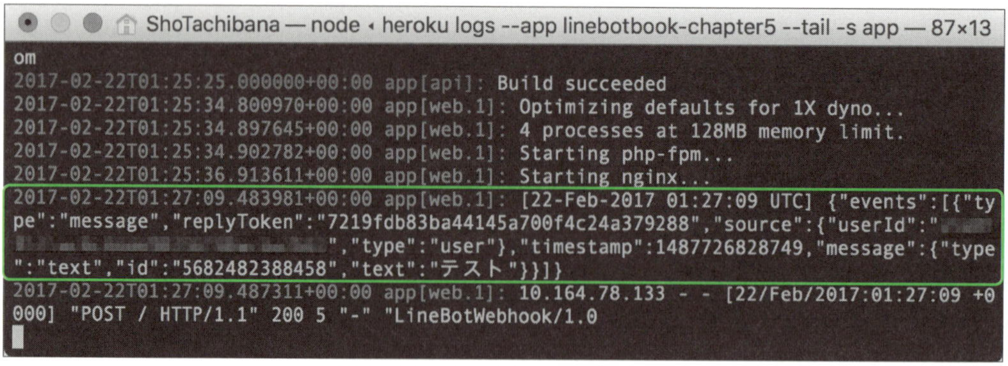

```
● ● ●  ⌂ ShoTachibana — node ‹ heroku logs --app linebotbook-chapter5 --tail -s app — 87×13
om
2017-02-22T01:25:25.000000+00:00 app[api]: Build succeeded
2017-02-22T01:25:34.800970+00:00 app[web.1]: Optimizing defaults for 1X dyno...
2017-02-22T01:25:34.897645+00:00 app[web.1]: 4 processes at 128MB memory limit.
2017-02-22T01:25:34.902782+00:00 app[web.1]: Starting php-fpm...
2017-02-22T01:25:36.913611+00:00 app[web.1]: Starting nginx...
2017-02-22T01:27:09.483981+00:00 app[web.1]: [22-Feb-2017 01:27:09 UTC] {"events":[{"ty
pe":"message","replyToken":"7219fdb83ba44145a700f4c24a379288","source":{"userId":"▇▇▇▇
▇▇▇▇▇▇▇▇▇▇▇▇","type":"user"},"timestamp":1487726828749,"message":{"type
":"text","id":"5682482388458","text":"テスト"}}]}
2017-02-22T01:27:09.487311+00:00 app[web.1]: 10.164.78.133 - - [22/Feb/2017:01:27:09 +0
000] "POST / HTTP/1.1" 200 5 "-" "LineBotWebhook/1.0
```

図3.16 リクエストの内容がログに出力された

3.3.2 パラメータの解説

ユーザーからBOTに向けて何らかのアクションが起こると、その内容がJSON形式でindex.phpに渡されます。JSON形式はデータの受け渡しに広く使われている記述形式で、配列を大括弧、オブジェクトを中括弧で表現します。

今回BOTから渡されたパラメータを整形すると以下のような構成となります。1つずつどのような内容なのか確認していきましょう。

```
{
    "events": [
        {
            "type": "message",
            "replyToken": "xxxxxxxxxxxxxxxxxxxxxxxxxxxxx",
            "source": {
                "userId": "xxxxxxxxxxxxxxxxxxxxxxxxxxxxx",
                "type": "user"
            },
            "timestamp": 1481008368707,
            "message": {
                "type": "text",
                "id": "5308776800676",
                "text": "テスト"
            }
        }
    ]
}
```

❯ events

eventsには、イベントの配列が格納されています。通常は要素は1つのみとなりますが、サーバーの状態によっては複数格納されることもあります。

❯ type

typeには、イベントの種類が格納されています。以下のタイプがあります。SDKを使ってフィルタしますので、種類だけ覚えておいてください。

- ⊘Message Event：メッセージが送信された時に発生する
- ⊘Follow Event：友だち追加やブロック解除された時に発生する
- ⊘Unfollow Event：ブロックされた時に発生する
- ⊘Join Event：グループやトークルームに参加した時に発生する
- ⊘Leave Event：グループからの退出時に発生する
- ⊘Postback Event：リッチメッセージに付与したアクションがユーザーによって実行された時に発生する

❯ replyToken

LINE Messaging APIにはユーザーからのアクションをトリガーに、それに返信する形であるReply APIと、BOT側の好きなタイミングでメッセージを送ることができるPush APIの2つがあります（図3.17）。

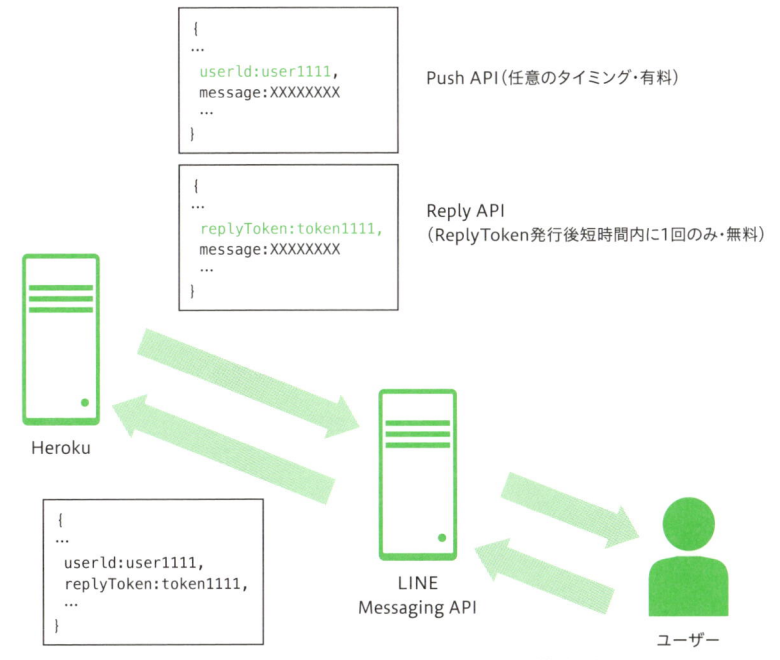

図3.17 Reply APIとPush APIの概念図（簡略化）

Reply APIはアクションに対して起こってから短時間内（長くても数十秒間）であれば一度だけ無料で利用できます。

Reply APIは宛先としてユーザーを指定しての返信ではなく、LINEが各イベントに付与したReplyTokenという一度だけ使えるトークンを利用し、イベントに向かって返信を行います。ReplyTokenは以下のようにして取得します。

```
$event->getReplyToken()
```

Push APIはDeveloper Trialの場合は無料で使えますが、公開する場合は月額21,600円と個人にはやや高額なプランの契約が必要になります。こちらはユーザーIDを指定してのメッセージの送信です。なお、ユーザーIDは以下のようにして取得します。

```
$event->getUserId()
```

また先ほど書いた通り、取得したReplyTokenはアクションから数十秒間、一度のみしか使えませんのでご注意ください。二度目以降使おうとしてもエラーではじかれます。

❯ source
sourceにはイベントを発生させたユーザーの情報が確認されます。

❯ timestamp
timestampにはイベントが発生した日時のタイムスタンプが格納されています。

❯ message
イベントの種類によって異なりますが、messageにはイベントの実際の内容が格納されています。Message Eventであった場合は、さらにユーザーから送られたコンテンツによって以下の種類のいずれかとなります。

- ⊘ TextMessage
- ⊘ VideoMessage
- ⊘ AudioMessage
- ⊘ ImageMessage
- ⊘ LocationMessage
- ⊘ StickerMessage
- ⊘ VideoMessage

以上でリクエストの詳細の説明は終了です。なお、ここで確認した内容はリクエストの理解のためのもので、実際にコードを書く際にはSDKを利用することになります。

3.3.3 単一メッセージの送信

ではこれから、SDKを利用してメッセージに対して返信してみましょう。

❯ テキスト

まずはテキストを返信してみます。index.phpの内容をすべて削除し、以下のように変更してください。

```php
<?php

// Composerでインストールしたライブラリを一括読み込み
require_once __DIR__ . '/vendor/autoload.php';

// アクセストークンを使いCurlHTTPClientをインスタンス化
$httpClient = new \LINE\LINEBot\HTTPClient\CurlHTTPClient(getenv
                            ('CHANNEL_ACCESS_TOKEN'));
// CurlHTTPClientとシークレットを使いLINEBotをインスタンス化
$bot = new \LINE\LINEBot($httpClient, ['channelSecret' => getenv(
                            'CHANNEL_SECRET')]);
// LINE Messaging APIがリクエストに付与した署名を取得
$signature = $_SERVER['HTTP_' . \LINE\LINEBot\Constant\HTTPHeader
                            ::LINE_SIGNATURE];
// 署名が正当かチェック。正当であればリクエストをパースし配列へ
$events = $bot->parseEventRequest(file_get_contents('php://input'),
                            $signature);
// 配列に格納された各イベントをループで処理
foreach ($events as $event) {
  // テキストを返信
  $bot->replyText($event->getReplyToken(), 'TextMessage');
}

?>
```

見てわかる通り、先ほど「メッセージ受信」の項目で解説したJSONを直接触らず、LINE BOT SDKを利用してコードを書いていきます。

最初の行ではautoload.phpを読み込んでいます。これはComposerが作成するオートローダーで、この1行でComposerがvendorフォルダにダウンロードしたすべてのライブラリを参照できるようになります。新しいライブラリを導入するなどしてvendorフォルダの中身が変更されると自動的に生成されるので、いちいちインクルードしなくてもよくなり非常に便利です。

次にCHANNEL_ACCESS_TOKENを用いてCurlHTTPClientをインスタンス化、同じくCHANNEL_SECRETを用いてLINEBotをインスタンス化しています。

`getenv`関数はHeroku上に保存された環境変数を取得する関数で、管理画面上でキーと値を設定すると、コードからキーを使って値を取得することができます。

コードの中にSecretやToken、データベースの接続情報などを直接入力してしまうとセキュリティ面で望ましくないので、そういった情報は本文中に記述せず、Herokuの管理画面上で設定しましょう。

では、Herokuの管理画面上で、控えておいたChannel Secret、Channel Access Tokenを追加しましょう。

[Setting] タブ→ [Reveal Config Vars] をクリックして、先ほどLINE Developerで取得した値を図3.18のように登録してください。

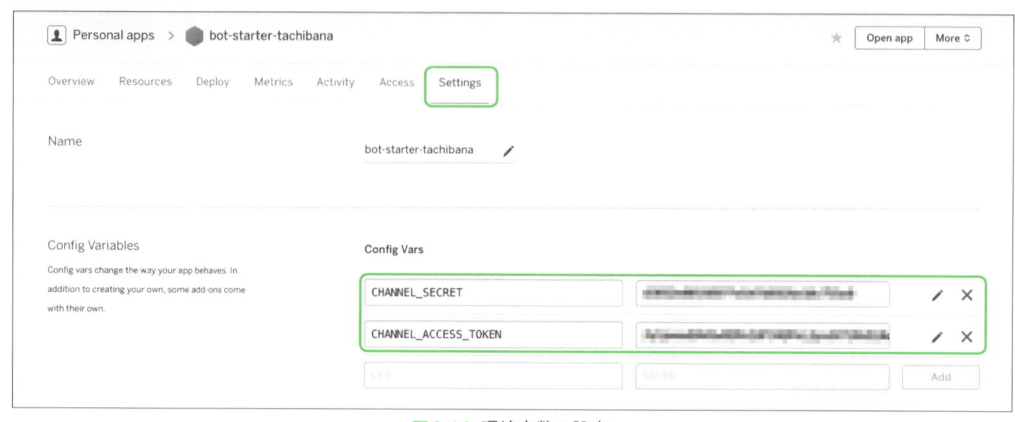

図3.18 環境変数の設定

これで`getenv`関数を利用してHeroku上に追加された環境変数を取得することができるようになりました。

次に署名を利用してLINEからPOSTされてきたデータをパースし、`Event`の配列である変数`$events`に格納します。この際、例外の処理が必要なのですが、本節ではAPIの解説のため省略し、3.5「ひな型のコードを書こう」で解説します。

最後にイベントのReplyTokenに対して、BOTクラスの`replyText`関数を利用してユーザーに返信を行います。

これでデプロイして適当に呼びかけると、BOTから返信が行われます（図3.19）。

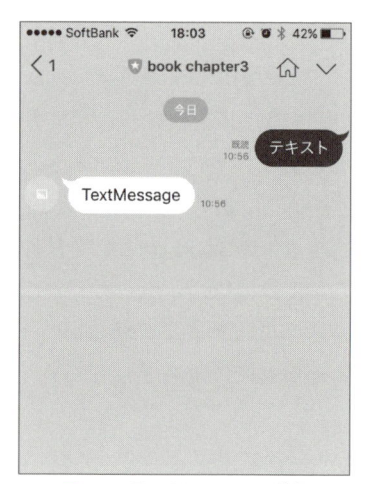

図3.19 TextMessageの送信

返信が正常に行われない場合は前述のHeroku CLIを使ってログをチェックしてみてください。エラーの原因がわかります。

　例えば存在しない関数を呼び出した時は、図3.20のように詳細と何行目でエラーが発生したのかをログで確認することができます。

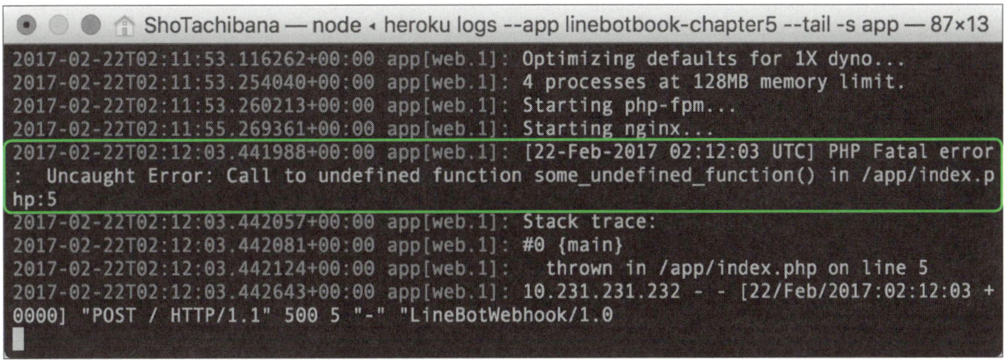

```
● ● ●    ShoTachibana — node ‹ heroku logs --app linebotbook-chapter5 --tail -s app — 87×13
2017-02-22T02:11:53.116262+00:00 app[web.1]: Optimizing defaults for 1X dyno...
2017-02-22T02:11:53.254040+00:00 app[web.1]: 4 processes at 128MB memory limit.
2017-02-22T02:11:53.260213+00:00 app[web.1]: Starting php-fpm...
2017-02-22T02:11:55.269361+00:00 app[web.1]: Starting nginx...
2017-02-22T02:12:03.441988+00:00 app[web.1]: [22-Feb-2017 02:12:03 UTC] PHP Fatal error
:  Uncaught Error: Call to undefined function some_undefined_function() in /app/index.p
hp:5
2017-02-22T02:12:03.442057+00:00 app[web.1]: Stack trace:
2017-02-22T02:12:03.442081+00:00 app[web.1]: #0 {main}
2017-02-22T02:12:03.442124+00:00 app[web.1]:     thrown in /app/index.php on line 5
2017-02-22T02:12:03.442643+00:00 app[web.1]: 10.231.231.232 - - [22/Feb/2017:02:12:03 +
0000] "POST / HTTP/1.1" 500 5 "-" "LineBotWebhook/1.0"
```

図3.20 ターミナルでエラーの内容を確認

　なお、テキストの送信は replyText という関数を使うと簡単に実行できるようになっていますが、他のメッセージに関しては replyMessage という関数にメッセージの内容を渡して送信する形になります。

　メッセージを何通か合わせて送ることもよくあり、その場合はテキストに関しても reply Message 関数を使ったほうが見やすいので、以後はこちらを利用します。

　index.phpの最後 ?> の直前に、ハイライトされた箇所のコードを追記してください。

```php
    .
    .
    .
// テキストを返信。引数はLINEBot、返信先、テキスト
function replyTextMessage($bot, $replyToken, $text) {
    // 返信を行いレスポンスを取得
    // TextMessageBuilderの引数はテキスト
    $response = $bot->replyMessage($replyToken, new \LINE\LINEBot
                        ↳\MessageBuilder\TextMessageBuilder($text));
    // レスポンスが異常な場合
    if (!$response->isSucceeded()) {
        // エラー内容を出力
        error_log('Failed! '. $response->getHTTPStatus . ' '
                        ↳ . $response->getRawBody());
    }
}

    ?>
```

TextMessageBuilderクラスを利用して**TextMessage**を生成し、**replyMessage**関数に渡すことでユーザーにテキストを送ることができます。

結果は変数**$response**に入るので、結果がエラーの場合はログに出力するようにしてあります。

次に、動作確認のため以下のようにコードを変更します。なお、取り消し線が引かれている箇所は削除、ハイライト箇所は追加されるコードです。

```php
        ・
        ・
        ・
// 配列に格納された各イベントをループで処理
foreach ($events as $event) {
  $bot->replyText($event->getReplyToken(), 'テキスト');
  // テキストを返信し次のイベントの処理へ
  replyTextMessage($bot, $event->getReplyToken(), 'TextMessage');
}
        ・
        ・
        ・
```

いろいろなメッセージを組み合わせると見にくくなることが多いので、送信部分を切り出しました。

これでデプロイしても変更前の**replyText**関数を利用したのと同様の処理が行われます。

❯ 画像

画像の送信には、**ImageMessageBuilder**を使います。

index.phpの最後 **?>** より前に以下のコードを追記してください。

```php
// 画像を返信。引数はLINEBot、返信先、画像URL、サムネイルURL
function replyImageMessage($bot, $replyToken, $originalImageUrl,
                           ↳$previewImageUrl) {
  // ImageMessageBuilderの引数は画像URL、サムネイルURL
  $response = $bot->replyMessage($replyToken, new \LINE\LINEBot\
                           ↳MessageBuilder\ImageMessageBuilder(
                           ↳$originalImageUrl, $previewImageUrl));
  if (!$response->isSucceeded()) {
    error_log('Failed!'. $response->getHTTPStatus . ' ' .
                           ↳$response->getRawBody());
  }
}

  ?>
```

動作確認のため、以下のようにコードを変更します。

```
replyTextMessage($bot, $event->getReplyToken(), 'TextMessage');
// 画像を返信
replyImageMessage($bot, $event->getReplyToken(), 'https://' .
                      ↳ $_SERVER['HTTP_HOST'] .
                      ↳ '/imgs/original.jpg',
                      ↳ 'https://' . $_SERVER['HTTP_HOST'] .
                      ↳ '/imgs/preview.jpg');
}
function replyTextMessage($bot, $replyToken, $text) {
```

　画像の場合はオリジナルのURLとプレビューのURLの双方が必要となります。今回はあらかじめHerokuにデプロイしたものを使いましょう。プロジェクトフォルダにimgsフォルダを作成し、ダウンロードしたサンプルファイル内のoriginal.jpgとpreview.jpgをコピーしてください（図3.21）。

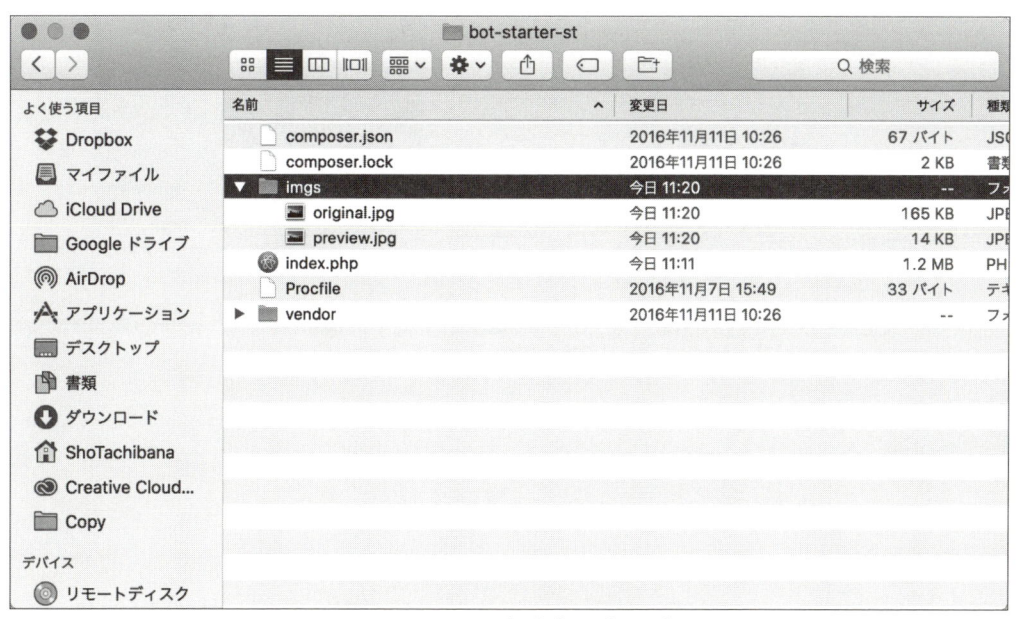

図3.21 imgsフォルダの作成と画像のコピー

デプロイするとスクリプトと一緒にimgsフォルダもHerokuにアップロードされ、URLでアクセスできるようになります。

デプロイして適当にBOTに呼びかけてみましょう。BOTから画像が送られます。トーク画面ではプレビュー画像が（図3.22）、タップするとオリジナルの画像が開きます（図3.23）。

図3.22 ImageMessageの送信

図3.23 オリジナル画像の表示

なお、送ることができる画像には制限があり、JPG形式でサイズは最大1MB、解像度はオリジナルが最大1024px、プレビューが最大240pxとなっています。

● 位置情報

位置情報の送信には、`LocationMessageBuilder`を使います。

index.phpの最後`?>`より前に以下のコードを追記してください。

```php
// 位置情報を返信。引数はLINEBot、返信先、タイトル、
// 住所、緯度、経度
function replyLocationMessage($bot, $replyToken, $title, $address,
                               $lat, $lon) {
  // LocationMessageBuilderの引数はダイアログのタイトル、
  // 住所、緯度、経度
  $response = $bot->replyMessage($replyToken, new \LINE\LINEBot\
                        MessageBuilder\LocationMessageBuilder(
                        $title, $address, $lat, $lon));
  if (!$response->isSucceeded()) {
    error_log('Failed!'. $response->getHTTPStatus . ' ' .
                        $response->getRawBody());
```

```
        }
    }

    ?>
```

LocationMessageBuilderに引数として住所と緯度経度の両方を指定する形になりますが、地図にはピンが刺さるのは住所ではなく緯度経度になります。

動作確認のため、以下のようにコードを変更します。

```
replyImageMessage($bot, $event->getReplyToken(), 'https://' .
                  ↳$_SERVER['HTTP_HOST'] .
                  ↳'/imgs/original.jpg',
                  ↳'https://' . $_SERVER['HTTP_HOST'] .
                  ↳'/imgs/preview.jpg');
// 位置情報を返信
replyLocationMessage($bot, $event->getReplyToken(), 'LINE',
                  ↳ '東京都渋谷区渋谷2-21-1 ヒカリエ27階',
                  ↳ 35.659025, 139.703473);
}
function replyTextMessage($bot, $replyToken, $text) {
```

再びデプロイして、適当にBOTに呼びかけてみましょう。BOTから位置情報が送られます。タップするとアプリ内の地図で詳細を確認することができます（図3.24、図3.25）。

右上のメニューから経路検索へも遷移できるので非常に便利です（図3.26）。

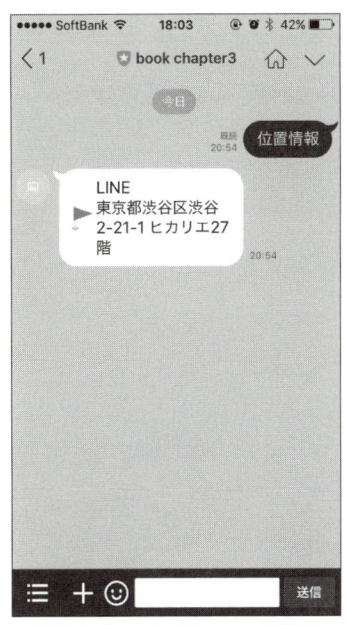

図3.24 LocationMessageの送信

図3.25 位置情報の詳細を表示

図3.26 位置情報のオプションメニュー

● スタンプ（Sticker）

スタンプの送信には、`StickerMessageBuilder`を使います。

index.phpの最後 `?>`より前に以下のコードを追記してください。

```
// スタンプを返信。引数はLINEBot、返信先、
// スタンプのパッケージID、スタンプID
function replyStickerMessage($bot, $replyToken, $packageId, $stickerId) {
  // StickerMessageBuilderの引数はスタンプのパッケージID、スタンプID
  $response = $bot->replyMessage($replyToken,new \LINE\LINEBot\
                          ⤷MessageBuilder\StickerMessageBuilder(
                          ⤷$packageId, $stickerId));
  if (!$response->isSucceeded()) {
    error_log('Failed!'. $response->getHTTPStatus . ' ' .
                          ⤷ $response->getRawBody());
  }
}
?>
```

スタンプの指定にはパッケージIDとステッカー IDが必要となります。送ることができるスタンプとIDは以下のリンクから確認できます。

URL https://devdocs.line.me/files/sticker_list.pdf

なお、有料のスタンプなど上記以外のスタンプを送信することは、もしユーザーがそのスタンプを所持していたとしてもできませんのでご注意ください。

動作確認のため、以下のようにコードを変更します。

```
  replyLocationMessage($bot, $event->getReplyToken(), 'LINE株式会社',
                    ⤷ '東京都渋谷区渋谷2-21-1 ヒカリエ27階',
                    ⤷ 35.659025, 139.703473);
  // スタンプを返信
  replyStickerMessage($bot, $event->getReplyToken(), 1, 1);
}
function replyTextMessage($bot, $replyToken, $text) {
```

パッケージIDが1、ステッカー IDが1の
ステッカーを送信するようにしました。デプ
ロイして、適当にBOTに呼びかけてみま
しょう。BOTからIDを指定したスタンプが
送られます（図3.27）。

図3.27 StickerMessageの送信

◉ 動画

動画の送信には、`VideoMessageBuilder`を使います。

index.phpの最後?>より前に以下のコードを追記してください。

```php
// 動画を返信。引数はLINEBot、返信先、動画URL、サムネイルURL
function replyVideoMessage($bot, $replyToken, $originalContentUrl,
                           ⤶ $previewImageUrl) {
  // VideoMessageBuilderの引数は動画URL、サムネイルURL
  $response = $bot->replyMessage($replyToken, new \LINE\LINEBot\
                          ⤶MessageBuilder\VideoMessageBuilder(
                          ⤶$originalContentUrl, $previewImageUrl));
  if (!$response->isSucceeded()) {
    error_log('Failed! '. $response->getHTTPStatus . ' ' .
                          ⤶ $response->getRawBody());
  }
}


?>
```

画像と同様に、実際に送信したい動画と、プレビュー画像も必要となります。動画はmp4形式、長さ1分以下、最大10MBで、プレビュー画像はJPEG形式、縦横最大240px、最大1MBの制限があります。

Herokuのプロジェクトフォルダ内にvideosフォルダを作成し、ダウンロードしたサンプルファイルのsample.mp4とsample_preview.jpgをコピーしてください（図3.28）。

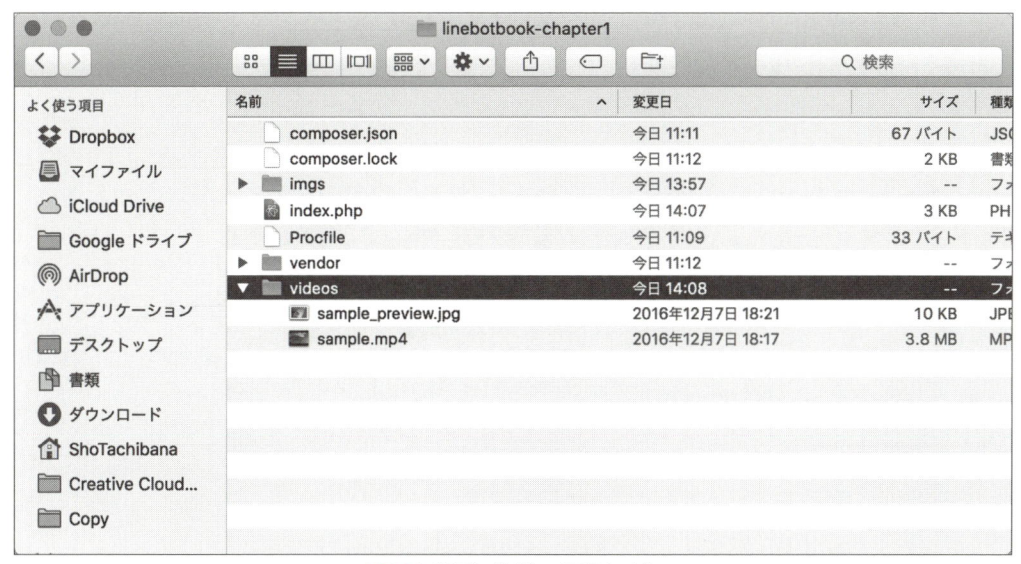

図3.28 動画とプレビュー画像をコピー

動作確認のため、以下のようにコードを変更します。

```php
replyStickerMessage($bot, $event->getReplyToken(), 1, 1);
// 動画を返信
replyVideoMessage($bot, $event->getReplyToken(),
  'https://' . $_SERVER['HTTP_HOST'] . '/videos/sample.mp4',
  'https://' . $_SERVER['HTTP_HOST'] . '/videos/sample_preview.jpg');
```

デプロイして、適当にBOTに呼びかけてみ
ましょう。動画が送られました（図3.29）。

図3.29 VideoMessageの送信

▶ オーディオ

オーディオの送信には、AudioMessageBuilder を使います。
index.phpの最後 ?> より前に以下のコードを追記してください。

```php
// オーディオファイルを返信。引数はLINEBot、返信先、
// ファイルのURL、ファイルの再生時間
function replyAudioMessage($bot, $replyToken, $originalContentUrl,
                           $audioLength) {
  // AudioMessageBuilderの引数はファイルのURL、ファイルの再生時間
  $response = $bot->replyMessage($replyToken, new \LINE\LINEBot\
                          MessageBuilder\AudioMessageBuilder(
                          $originalContentUrl, $audioLength));
  if (!$response->isSucceeded()) {
    error_log('Failed! '. $response->getHTTPStatus . ' ' .
                          $response->getRawBody());
  }
}

?>
```

実際に送信したいオーディオファイルと、長さが必要となります。オーディオファイルはm4a形式、長さ1分以下、最大10MBの制限があります。

Herokuのプロジェクトフォルダ内にaudiosフォルダを作成し、ダウンロードしたsample.m4aをコピーしてください（図3.30）。

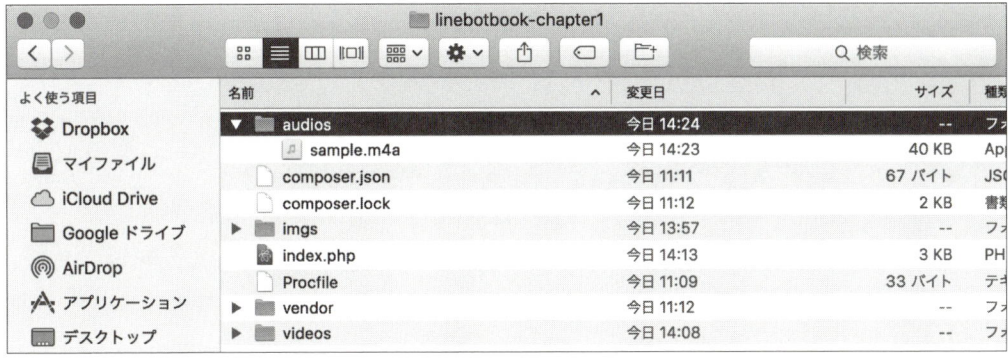

図3.30 sample.m4aをコピーする

動作確認のため、以下のようにコードを変更します。

```
replyVideoMessage($bot, $event->getReplyToken(),
  'https://' . $_SERVER['HTTP_HOST'] . '/videos/sample.mp4',
  'https://' . $_SERVER['HTTP_HOST'] . '/videos/sample_preview.jpg');
// オーディオファイルを返信
replyAudioMessage($bot, $event->getReplyToken(), 'https://' .
                        $_SERVER['HTTP_HOST'] .
                        '/audios/sample.m4a', 6000);
```

引数としてファイルのURLと、長さをミリ秒で指定する必要があります。オーディオファイルの長さはFinderで右クリックして［情報を見る］を選択すれば見ることができます。

デプロイして、適当にBOTに呼びかけてみましょう。オーディオファイルが送られました（図3.31）。

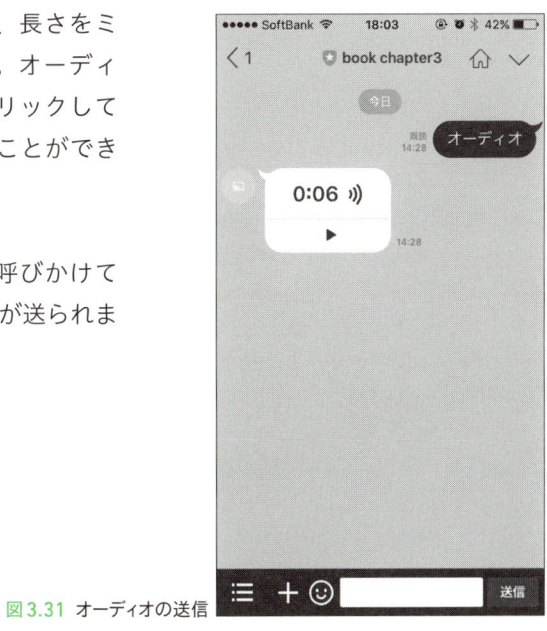

図3.31 オーディオの送信

▶ 複数のメッセージを一括で

MultiMessageBuilderをreplyMessage関数に渡すことで、最大5個のメッセージを組み合わせて送信することができます。組み合わせたものを1通としてカウントするので、ReplyTokenは1つしか使いません。また、種類が異なるメッセージを同時に送ることも可能です。

index.phpの最後 ?> より前に以下のコードを追記してください。

```php
// 複数のメッセージをまとめて返信。引数はLINEBot、
// 返信先、メッセージ（可変長引数）
function replyMultiMessage($bot, $replyToken, ...$msgs) {
  // MultiMessageBuilderをインスタンス化
  $builder = new \LINE\LINEBot\MessageBuilder\MultiMessageBuilder();
  // ビルダーにメッセージをすべて追加
  foreach($msgs as $value) {
    $builder->add($value);
  }
  $response = $bot->replyMessage($replyToken, $builder);
  if (!$response->isSucceeded()) {
    error_log('Failed!'. $response->getHTTPStatus . ' ' .
                     ↳ $response->getRawBody());
  }
}

?>
```

MultiMessageBuilderはインスタンス化のあと、送りたいメッセージを追加していく形になります。変数 $msgs には引数として渡されたメッセージが配列（可変長）で格納されますので、ループで回して追加していきます。

次に動作確認のため、以下のようにコードを変更します。

```php
replyAudioMessage($bot, $event->getReplyToken(),
  'https://' . $_SERVER['HTTP_HOST'] . '/audios/sample.m4a',
  5000);
// 複数のメッセージをまとめて返信
replyMultiMessage($bot, $event->getReplyToken(),
  new \LINE\LINEBot\MessageBuilder\TextMessageBuilder('TextMessage'),
  new \LINE\LINEBot\MessageBuilder\ImageMessageBuilder('https://' .
                     ↳ $_SERVER['HTTP_HOST'] .
                     ↳ '/imgs/original.jpg', 'https://' .
                     ↳ $_SERVER['HTTP_HOST'] . '/imgs/preview.jpg'),
```

```php
new \LINE\LINEBot\MessageBuilder\LocationMessageBuilder('LINE',
        '東京都渋谷区渋谷2-21-1 ヒカリエ27階',
        35.659025, 139.703473),
    new \LINE\LINEBot\MessageBuilder\StickerMessageBuilder(1, 1)
);
```

デプロイして呼びかけると、一気に4種類の
メッセージがBOTから送信されます（図3.32）。

図3.32 MultiMessageの送信

3.3.4 リッチメッセージの送信

ここからは単一のメッセージと違い、リッチなメッセージを送信してみましょう。リッチ
メッセージの送信にはテンプレートを利用します。

リッチメッセージのテンプレートには以下の3種類があります。

- ⊘Buttonsテンプレートメッセージ：画像、タイトル、テキスト、アクションの配列で構成
  されたメッセージ
- ⊘Confirmテンプレートメッセージ：「YES／NO」や「OK／キャンセル」などのシンプル
  なテキスト＋ボタンタイプのダイアログ
- ⊘Carouselテンプレートメッセージ：Buttonsテンプレートのようなダイアログを横並び
  に表示するメッセージ

これらを利用することで、これまでのようなコンテンツを送信するだけでなく、ユーザーが
押すことができるボタンを付与し、押された時のアクションを定義することができます。

Buttons テンプレートメッセージ

Buttons テンプレートは、画像、タイトル、テキスト、アクションの配列で構成されています。このうち画像とタイトルは省略可能です。省略したい時は引数に文字列の代わりにnullを指定します。

index.phpの最後 ?>より前に以下のコードを追記してください。

```
// Buttonsテンプレートを返信。引数はLINEBot、返信先、代替テキスト、
// 画像URL、タイトル、本文、アクション（可変長引数）
function replyButtonsTemplate($bot, $replyToken, $alternativeText,
                              $imageUrl, $title, $text, ...$actions) {
  // アクションを格納する配列
  $actionArray = array();
  // アクションをすべて追加
  foreach($actions as $value) {
    array_push($actionArray, $value);
  }
  // TemplateMessageBuilderの引数は代替テキスト、ButtonTemplateBuilder
  $builder = new \LINE\LINEBot\MessageBuilder\TemplateMessageBuilder(
    $alternativeText,
    // ButtonTemplateBuilderの引数はタイトル、本文、
    // 画像URL、アクションの配列
    new \LINE\LINEBot\MessageBuilder\TemplateBuilder\ButtonTemplateBuilder(
                      $title, $text, $imageUrl, $actionArray)
  );
  $response = $bot->replyMessage($replyToken, $builder);
  if (!$response->isSucceeded()) {
    error_log('Failed!'. $response->getHTTPStatus . ' ' .
                      $response->getRawBody());
  }
}

?>
```

引数 $alternativeText は、トーク一覧に表示されるテキストです。LINEアプリのバージョンが古くテンプレートメッセージの受信が不可な場合はユーザーにはこのテキストしか見えません。

ユーザーが押すことができるボタンと、押された時のアクションをペアにして配列に格納し渡すことでアクションを定義することができます。

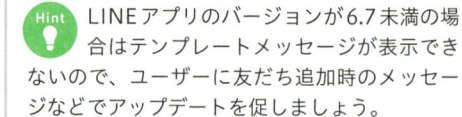

Hint LINEアプリのバージョンが6.7未満の場合はテンプレートメッセージが表示できないので、ユーザーに友だち追加時のメッセージなどでアップデートを促しましょう。

```
replyMultiMessage($bot, $event->getReplyToken(),
    new \LINE\LINEBot\MessageBuilder\TextMessageBuilder('TextMessage'),
    new \LINE\LINEBot\MessageBuilder\ImageMessageBuilder('https://' .
                    $_SERVER['HTTP_HOST'] .
                    '/imgs/original.jpg', 'https://' .
                    $_SERVER['HTTP_HOST'] . '/imgs/preview.jpg'),
    new \LINE\LINEBot\MessageBuilder\LocationMessageBuilder('LINE',
                    '東京都渋谷区渋谷2-21-1 ヒカリエ27階',
                    35.659025, 139.703473),
    new \LINE\LINEBot\MessageBuilder\StickerMessageBuilder(1, 1)
);

// Buttonsテンプレートメッセージを返信
replyButtonsTemplate($bot,
    $event->getReplyToken(),
    'お天気お知らせ － 今日は天気予報は晴れです',
    'https://' . $_SERVER['HTTP_HOST'] . '/imgs/template.jpg',
    'お天気お知らせ',
    '今日は天気予報は晴れです',
    new LINE\LINEBot\TemplateActionBuilder\MessageTemplateActionBuilder (
        '明日の天気', 'tomorrow'),
    new LINE\LINEBot\TemplateActionBuilder\PostbackTemplateActionBuilder (
        '週末の天気', 'weekend'),
    new LINE\LINEBot\TemplateActionBuilder\UriTemplateActionBuilder (
        'Webで見る', 'http://google.jp')
    );
```

　また、テンプレート用の画像を新たに追加する必要がありますので、ダウンロードしたサンプルファイルの中のtemplate.jpgをimgsフォルダにコピーします（図3.33）。

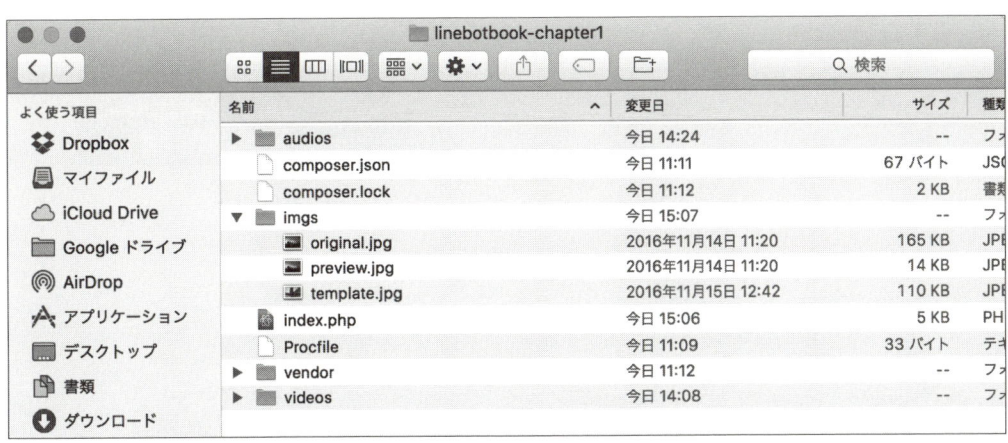

図3.33　画像をimgsフォルダにコピーする

画像は縦横比1：1.51である必要があります。今回は縦500px、横755pxで作成してあります。

いったんデプロイして確認してみましょう。呼びかけると、BOTからButtonsテンプレート が送られます。ボタンをタップするとアクションが発動されます（図3.34）。

3つのボタンがあり、それぞれ違うタイプのテンプレートアクションを設定しています。テ ンプレートアクションはそれぞれラベルとテキストを引数にインスタンス化しますが、それぞ れ動作が異なり、

- ⊘MessageTemplateActionBuilder：ユーザーに発言させるアクション（トーク画面 への表示あり）
- ⊘PostbackTemplateActionBuilder：ユーザーからBotに文字列を送信するアク ション（トーク画面への表示なし）
- ⊘UriTemplateActionBuilder：URLを開かせるアクション

となっています。

MessageTemplateActionBuilderがキー ボードでテキストを入力し送信したのと同じ動作 を発動させるのに対し、PostbackTemplate ActionBuilderは違う形でひも付けられたテ キストをユーザーからBOTに送信します（図 3.34）。

図3.34 Buttonsテンプレート

それでは、以下のようにコードを変更してみましょう。

```php
foreach ($events as $event) {
    // イベントがPostbackEventクラスのインスタンスであれば
    if ($event instanceof \LINE\LINEBot\Event\PostbackEvent) {
        // テキストを返信し次のイベントの処理へ
        replyTextMessage($bot, $event->getReplyToken(), 'Postback受信「' .
                         $event->getPostbackData() . '」');
        continue;
    }
```

これまではMessageEventのみ処理を行っていましたが、その前にPostbackEventかどうかをチェックし、そうであればひも付けられたテキストを取得して送り返す処理になりました。

デプロイし再度呼びかけてみます。「週末の天気」をタップされた時に発動するPostbackEventを検知し、ひも付けられたテキストを取得できます（図3.35）。

こちらはMessageTemplateActionと違い、ユーザーは発言をせず、トーク画面にも現れません。状況に応じて使い分けましょう。

なお、Buttonsテンプレートに追加できるボタンは4つまでとなっています。

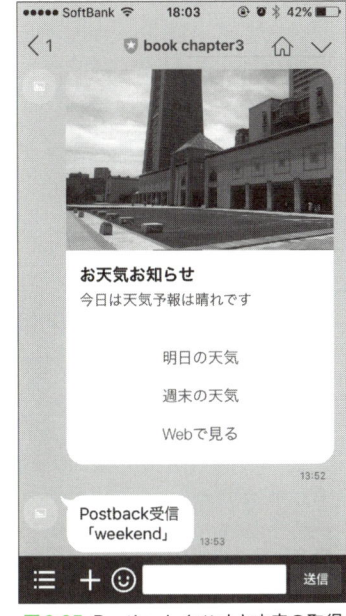

図3.35 Postbackイベントと内容の取得

● Confirmテンプレートメッセージ

Comfirmテンプレートは「YES ／ NO」や「OK ／キャンセル」など、シンプルな「テキスト＋ボタン」タイプのダイアログを出すテンプレートとなっています。

index.phpの最後 **?>** より前に以下のコードを追記してください。

```php
// Confirmテンプレートを返信。引数はLINEBot、返信先、代替テキスト、
// 本文、アクション（可変長引数）
function replyConfirmTemplate($bot, $replyToken, $alternativeText, $text,
                              ...$actions) {
  $actionArray = array();
  foreach($actions as $value) {
    array_push($actionArray, $value);
  }
  $builder = new \LINE\LINEBot\MessageBuilder\TemplateMessageBuilder(
    $alternativeText,
    // Confirmテンプレートの引数はテキスト、アクションの配列
    new \LINE\LINEBot\MessageBuilder\TemplateBuilder\
                        ConfirmTemplateBuilder ($text, $actionArray)
  );
  $response = $bot->replyMessage($replyToken, $builder);
  if (!$response->isSucceeded()) {
    error_log('Failed!'. $response->getHTTPStatus . ' ' .
                        $response->getRawBody());
  }
```

```
}

?>
```

Buttonsテンプレートと似ていますが、画像とタイトルは不要です。

続いて以下のように変更します。

```
$actionArray = array();
array_push($actionArray, new LINE\LINEBot\TemplateActionBuilder\
                         MessageTemplateActionBuilder (
  '明日の天気', 'tomorrow'));
array_push($actionArray, new LINE\LINEBot\TemplateActionBuilder\
                         PostbackTemplateActionBuilder (
  '週末の天気', 'weekend'));
array_push($actionArray, new LINE\LINEBot\TemplateActionBuilder\
                         UriTemplateActionBuilder (
  'Webで見る', 'http://google.jp'));
replyButtonsTemplate($bot,
  $event->getReplyToken(),
  'https://' . $_SERVER['HTTP_HOST'] . '/imgs/template.jpg',
  'お天気お知らせ',
  '今日は天気予報は晴れです',
  $actionArray,
  'お天気お知らせ — 今日は天気予報は晴れです');
// Confirmテンプレートメッセージを返信
replyConfirmTemplate($bot,
  $event->getReplyToken(),
  'Webで詳しく見ますか？',
  'Webで詳しく見ますか？',
  new LINE\LINEBot\TemplateActionBuilder\UriTemplateActionBuilder (
    '見る', 'http://google.jp'),
  new LINE\LINEBot\TemplateActionBuilder\MessageTemplateActionBuilder (
    '見ない', 'ignore')
  );
```

デプロイ後に呼びかけてみると、シンプルなダイアログが表示されます（図3.36）。Confirmテンプレートにはボタンを2つまで表示できます。

図3.36 Confirmテンプレート

● Carousel テンプレートメッセージ

Carouselテンプレートは、Buttonsテンプレートのようなダイアログを横並びに表示できるテンプレートです。1つのダイアログはColumnとして定義されており、それをBuilderに追加してインスタンス化するのですが、各Columnは画像の有無、titleの有無、アクションの数をすべてのColumnで統一する必要があります。

index.phpの最後 ?>より前に以下のコードを追記してください。

```php
// Carouselテンプレートを返信。引数はLINEBot、返信先、代替テキスト、
// ダイアログの配列
function replyCarouselTemplate($bot, $replyToken, $alternativeText,
                               ↳ $columnArray) {
  $builder = new \LINE\LINEBot\MessageBuilder\TemplateMessageBuilder(
  $alternativeText,
  // Carouselテンプレートの引数はダイアログの配列
  new \LINE\LINEBot\MessageBuilder\TemplateBuilder\
                               ↳CarouselTemplateBuilder (
   $columnArray)
  );
  $response = $bot->replyMessage($replyToken, $builder);
  if (!$response->isSucceeded()) {
    error_log('Failed!'. $response->getHTTPStatus . ' ' .
                               ↳ $response->getRawBody());
  }
}

?>
```

続いて以下のように変更します。

```php
replyConfirmTemplate($bot,
  $event->getReplyToken(),
  'Webで詳しく見ますか？',
  'Webで詳しく見ますか？',
  new LINE\LINEBot\TemplateActionBuilder\UriTemplateActionBuilder (
    '見る', 'http://google.jp'),
  new LINE\LINEBot\TemplateActionBuilder\MessageTemplateActionBuilder (
    '見ない', 'ignore'),
  new LINE\LINEBot\TemplateActionBuilder\MessageTemplateActionBuilder (
    '非表示', 'never')
  );
// Carouselテンプレートメッセージを返信
// ダイアログの配列
$columnArray = array();
```

```php
for($i = 0; $i < 5; $i++) {
  // アクションの配列
  $actionArray = array();
  array_push($actionArray, new LINE\LINEBot\TemplateActionBuilder\
                    ⌊MessageTemplateActionBuilder (
    'ボタン' . $i . '-' . 1, 'c-' . $i . '-' . 1));
  array_push($actionArray, new LINE\LINEBot\TemplateActionBuilder\
                    ⌊MessageTemplateActionBuilder (
    'ボタン' . $i . '-' . 2, 'c-' . $i . '-' . 2));
  array_push($actionArray, new LINE\LINEBot\TemplateActionBuilder\
                    ⌊MessageTemplateActionBuilder (
    'ボタン' . $i . '-' . 3, 'c-' . $i . '-' . 3));
  $column = new \LINE\LINEBot\MessageBuilder\TemplateBuilder\
                    ⌊CarouselColumnTemplateBuilder (
    ($i + 1) . '日後の天気',
    '晴れ',
    'https://' . $_SERVER['HTTP_HOST'] .  '/imgs/template.jpg',
    $actionArray
  );
  // 配列に追加
  array_push($columnArray, $column);
}
replyCarouselTemplate($bot, $event->getReplyToken(),'今後の天気予報',
                    ⌊ $columnArray);
```

難しいところはないと思います。デプロイ
して呼びかけると、Carouselテンプレート
が表示されます（図3.37）。

Columnは5つまで、各Column内のボタ
ンは3つまで追加できます。

図3.37 Carouselテンプレート

 メッセージコンテンツの受信

　メッセージの送信ができるようになったので、次はユーザーが送ってきたコンテンツの受信をしてみましょう。テキストは getText 関数で簡単に取ることができますが、画像／動画／オーディオファイルは、少し複雑です。

　ここでは試しに画像を取得し、Heroku 上に保存してみましょう。

　index.php を以下のように変更します。

```php
$columnArray = array();
for($i = 0; $i < 5; $i++) {
  $actionArray = array();
  array_push($actionArray, new LINE\LINEBot\TemplateActionBuilder\
                           └MessageTemplateActionBuilder (
    'ボタン' . $i . '-' . 1, 'c' . $i . '-' . 1));
  array_push($actionArray, new LINE\LINEBot\TemplateActionBuilder\
                           └MessageTemplateActionBuilder (
    'ボタン' . $i . '-' . 2, 'c' . $i . '-' . 2));
  array_push($actionArray, new LINE\LINEBot\TemplateActionBuilder\
                           └MessageTemplateActionBuilder (
    'ボタン' . $i . '-' . 3, 'c' . $i . '-' . 3));
  $column = new \LINE\LINEBot\MessageBuilder\TemplateBuilder\
                           └CarouselColumnTemplateBuilder (
    ($i + 1) . '日後の天気',
    '晴れ',
    'https://' . $_SERVER['HTTP_HOST'] .  '/imgs/template.jpg',
    $actionArray
  );
  array_push($columnArray, $column);
}
replyCarouselTemplate($bot, $event->getReplyToken(),'今後の天気予報',
                           └ $columnArray);
// ユーザーから送信された画像ファイルを取得し、サーバーに保存する
// イベントがImageMessage型であれば
if ($event instanceof \LINE\LINEBot\Event\MessageEvent\ImageMessage) {
  // イベントのコンテンツを取得
  $content = $bot->getMessageContent($event->getMessageId());
  // コンテンツヘッダーを取得
  $headers = $content->getHeaders();
  error_log(var_export($headers, true));
  // 画像の保存先フォルダ
  $directory_path = 'tmp';
```

067

```
    // 保存するファイル名
    $filename = uniqid();
    // コンテンツの種類を取得
    $extension = explode('/', $headers['Content-Type'])[1];
    // 保存先フォルダが存在しなければ
    if(!file_exists($directory_path)) {
      // フォルダを作成
      if(mkdir($directory_path, 0777, true)) {
        // 権限を変更
        chmod($directory_path, 0777);
      }
    }
    // 保存先フォルダにコンテンツを保存
    file_put_contents($directory_path . '/' . $filename . '.' . $extension,
                      ⤷ $content->getRawBody());
    // 保存したファイルのURLを返信
    replyTextMessage($bot, $event->getReplyToken(), 'http://' . $_SERVER[
                      ⤷ 'HTTP_HOST'] . '/' . $directory_path. '/' .
                      ⤷ $filename . '.' . $extension);
  }
```

　まず、イベントが`ImageMessage`、つまり画像がユーザーから送られたイベントであるかどうかを最初に確認します。該当しない場合は処理をスキップします。

　画像であることが確認できたらBOTクラスの**getMessageContent**関数を利用してコンテンツを取得し、ヘッダーからコンテンツの型を取得します。

　さらに「tmp」という名前のフォルダの有無を確認しなければ作成、そこにコンテンツを保存しています。

　デプロイしてBOTに向けて画像を送信してみましょう。画像の場合は「オリジナル画像」にチェックを付けると圧縮せずに、チェックをしないと圧縮されて送信されます（図3.38）。

　問題なく保存が行われれば保存先のURLがBOTから返信されます（図3.39）。

　Herokuに保存したフォルダとファイルは、デプロイする度に消去されます。データを永続的に保持していたい場合は外部のサービスを使うか、ダウンローダースクリプトも同時にアップロードし、デプロイ前に画像をダウンロード後デプロイするファイルに含めるなどの処理が必要になります。

図 3.38 画像の送信方法

図 3.39 画像が保存されURLが返信される

3.3.6 ユーザープロファイルの受信

　では最後に、BOT宛てに送信されたメッセージから、送ったユーザーのプロフィールを取得してみましょう。プロフィールは、BOTクラスの`getProfile`関数にユーザーIDを引数として渡すことで得られます。

　index.phpを以下のように変更してください。

```php
$response = $bot->getMessageContent($event->getMessageId());
$headers = $response->getHeaders();
error_log(var_export($headers, true));
$directory_path = 'tmp';
$filename = uniqid();
$extension = explode('/', $headers['Content-Type'])[1];
if(!file_exists($directory_path)) {
  if(mkdir($directory_path, 0777, true)) {
    chmod($directory_path, 0777);
  }
}
file_put_contents($directory_path . '/' . $filename . '.' . $extension,
                  $response->getRawBody());
```

```
replyTextMessage($bot, $event->getReplyToken(), 'http://' . $_SERVER[
                    ↳'HTTP_HOST'] . '/' . $directory_path. '/' .
                    ↳$filename . '.' . $extension);
// ユーザーのプロフィールを取得しメッセージを作成後返信
$profile = $bot->getProfile($event->getUserId())->getJSONDecodedBody();
$bot->replyMessage($event->getReplyToken(),
  (new \LINE\LINEBot\MessageBuilder\MultiMessageBuilder())
    ->add(new \LINE\LINEBot\MessageBuilder\TextMessageBuilder(
                    ↳'現在のプロフィールです。'))
    ->add(new \LINE\LINEBot\MessageBuilder\TextMessageBuilder(
                    ↳'表示名:' . $profile['displayName']))
    ->add(new \LINE\LINEBot\MessageBuilder\TextMessageBuilder(
                    ↳'画像URL:' . $profile['pictureUrl']))
    ->add(new \LINE\LINEBot\MessageBuilder\TextMessageBuilder(
                    ↳'ステータスメッセージ:' . $profile[
                    ↳'statusMessage']))
);
```

　デプロイして呼びかけると自分がLINEアプリで設定している表示名や画像のURLが返信されてきます。

　長くなりましたが、APIの解説はこれで終了です。ここからはLINE BOT独自の作法なども学びながら、実際のBOTを作っていきましょう！

3.4 ひな型プロジェクトの作成と基本的な設定をしよう

本節では、ひな型となるプロジェクトを作成し、SDKをダウンロードします。
また、必要になることの多い動作環境を設定するファイルも作成しておきましょう。

3.4.1 LINE BOT SDK のダウンロード

Finderで新規プロジェクトを作成し、ターミナルでそのフォルダに移動、以下のコマンドでLINE BOT SDKをダウンロードします。

```
composer require linecorp/line-bot-sdk
```

3.4.2 Procfileと構成ファイルの作成

Procfileを作成し、以下のように入力します。

```
web: vendor/bin/heroku-php-nginx -C nginx_app.conf
```

前回まではWebサーバーの設定でしたが、-Cオプションで構成ファイルも指定しています。

同階層にnginx_app.confを作成し、以下のように入力します。

```
index index.php;
```

indexを指定しました。このように指定することで、https://（アプリケーション名）.herokuapp.com/ というようなURLでアクセスした時にindex.phpを参照するようになります。
構成ファイルはなくても動くのですが、リダイレクトの設定など使うことが多いのでひな型に含めてしまいましょう。
ここまでで、フォルダの中身は図3.40のようになっています。

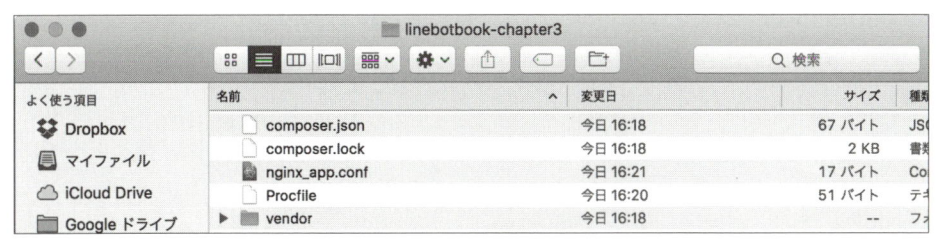

図 3.40 ここまでのフォルダ構成

3.5 ひな型のコードを書こう

本節では、スクリプトを作成して、メッセージの受け取り／署名の検証／各種メッセージの返信を行う関数など、どのBOTでもよく使う処理や便利な関数を記述します。

3.5.1 署名の検証

index.phpを作成し、コードを書いていきましょう。まずは以下を入力します。

```php
<?php

// Composerでインストールしたライブラリを一括読み込み
require_once __DIR__ . '/vendor/autoload.php';

// アクセストークンを使いCurlHTTPClientをインスタンス化
$httpClient = new \LINE\LINEBot\HTTPClient\CurlHTTPClient(getenv(
                        'CHANNEL_ACCESS_TOKEN'));
// CurlHTTPClientとシークレットを使いLINEBotをインスタンス化
$bot = new \LINE\LINEBot($httpClient, ['channelSecret' => getenv(
                        'CHANNEL_SECRET')]);


// LINE Messaging APIがリクエストに付与した署名を取得
$signature = $_SERVER['HTTP_' . \LINE\LINEBot\Constant\HTTPHeader::
                        LINE_SIGNATURE];
// 署名が正当かチェック。正当であればリクエストをパースし配列へ
// 不正であれば例外の内容を出力
try {
  $events = $bot->parseEventRequest(file_get_contents('php://input'),
                        $signature);
} catch(\LINE\LINEBot\Exception\InvalidSignatureException $e) {
  error_log('parseEventRequest failed. InvalidSignatureException =>
                        '.var_export($e, true));
} catch(\LINE\LINEBot\Exception\UnknownEventTypeException $e) {
  error_log('parseEventRequest failed. UnknownEventTypeException =>
                        '.var_export($e, true));
} catch(\LINE\LINEBot\Exception\UnknownMessageTypeException $e) {
  error_log('parseEventRequest failed. UnknownMessageTypeException =>
                        '.var_export($e, true));
```

```php
} catch(\LINE\LINEBot\Exception\InvalidEventRequestException $e) {
    error_log('parseEventRequest failed. InvalidEventRequestException =>
                    ⌊ '.var_export($e, true));
}

?>
```

　前回までと違い、渡ってきたパラメータをパースする際に発生する例外をキャッチし、内容を出力する処理を追加しています。このフローは本番環境では必須となるため、このようにSDKを利用してパースするようにしましょう。

　変数 $events は配列で、イベントが格納されています。

3.5.2　メッセージタイプのフィルタ

　では次に、各要素のイベントタイプを検証し、該当するもののみ処理を行うコードを書きましょう。

　以下を追加します。

```php
// 配列に格納された各イベントをループで処理
foreach ($events as $event) {
  // MessageEventクラスのインスタンスでなければ処理をスキップ
  if (!($event instanceof \LINE\LINEBot\Event\MessageEvent)) {
    error_log('Non message event has come');
    continue;
  }
  // TextMessageクラスのインスタンスでなければ処理をスキップ
  if (!($event instanceof \LINE\LINEBot\Event\MessageEvent\TextMessage)) {
    error_log('Non text message has come');
    continue;
  }
}

?>
```

　配列 $events に格納されるイベントにはFollow Event、Unfollow Event、Postback Eventなど、Message Eventとは違う処理にしなければいけないものも含まれます。

　これらは除外して、Message Eventのみ処理を行うフィルタをまずは入れましょう。これでMessage Event以外のイベントはそれ以降の処理をスキップします。

次に、Message Eventの中でも**TextMessage**以外であった場合それをはじきます。これで、テキストではない画像などのコンテンツが送られてきた時には処理がスキップされます。

3.5.3 メッセージを送信するコードのコピー

次に、3.4「ひな型プロジェクトの作成と基本的な設定をしよう」までに紹介した、メッセージを送信する関数をまとめてコピーしておきましょう。今回はindex.phpに追加する形にしますが、長くなるので別のファイルに切り出してindex.phpに `require` する形でも問題ありません。

以下のコードを追加してください。

```
// テキストを返信。引数はLINEBot、返信先、テキスト
function replyTextMessage($bot, $replyToken, $text) {
  // 返信を行いレスポンスを取得
  // TextMessageBuilderの引数はテキスト
  $response = $bot->replyMessage($replyToken, new \LINE\LINEBot\
                      ⮡MessageBuilder\TextMessageBuilder($text));
  // レスポンスが異常な場合
  if (!$response->isSucceeded()) {
    // エラー内容を出力
    error_log('Failed!'. $response->getHTTPStatus . ' ' .
                      ⮡ $response->getRawBody());
  }
}


// 画像を返信。引数はLINEBot、返信先、画像URL、サムネイルURL
function replyImageMessage($bot, $replyToken, $originalImageUrl,
                      ⮡ $previewImageUrl) {
  // ImageMessageBuilderの引数は画像URL、サムネイルURL
  $response = $bot->replyMessage($replyToken, new \LINE\LINEBot\
                      ⮡MessageBuilder\ImageMessageBuilder(
                      ⮡$originalImageUrl, $previewImageUrl));
  if (!$response->isSucceeded()) {
    error_log('Failed!'. $response->getHTTPStatus . ' ' .
                      ⮡ $response->getRawBody());
  }
}


// 位置情報を返信。引数はLINEBot、返信先、タイトル、住所、
// 緯度、経度
```

```php
function replyLocationMessage($bot, $replyToken, $title, $address, $lat,
                              ↳ $lon) {
  // LocationMessageBuilderの引数はダイアログのタイトル、住所、緯度、経度
  $response = $bot->replyMessage($replyToken, new \LINE\LINEBot\
                            ↳MessageBuilder\LocationMessageBuilder(
                            ↳$title, $address, $lat, $lon));
  if (!$response->isSucceeded()) {
    error_log('Failed!'. $response->getHTTPStatus . ' ' .
                            ↳ $response->getRawBody());
  }
}

// スタンプを返信。引数はLINEBot、返信先、
// スタンプのパッケージID、スタンプID
function replyStickerMessage($bot, $replyToken, $packageId, $stickerId) {
  // StickerMessageBuilderの引数はスタンプのパッケージID、スタンプID
  $response = $bot->replyMessage($replyToken, new \LINE\LINEBot\
                            ↳MessageBuilder\StickerMessageBuilder(
                            ↳$packageId, $stickerId));
  if (!$response->isSucceeded()) {
    error_log('Failed!'. $response->getHTTPStatus . ' ' .
                            ↳ $response->getRawBody());
  }
}

// 動画を返信。引数はLINEBot、返信先、動画URL、サムネイルURL
function replyVideoMessage($bot, $replyToken, $originalContentUrl,
                            ↳ $previewImageUrl) {
  // VideoMessageBuilderの引数は動画URL、サムネイルURL
  $response = $bot->replyMessage($replyToken, new \LINE\LINEBot\
                            ↳MessageBuilder\VideoMessageBuilder(
                            ↳$originalContentUrl, $previewImageUrl));
  if (!$response->isSucceeded()) {
    error_log('Failed! '. $response->getHTTPStatus . ' ' . $response->
                            ↳getRawBody());
  }
}

// オーディオファイルを返信。引数はLINEBot、返信先、
// ファイルのURL、ファイルの再生時間
function replyAudioMessage($bot, $replyToken, $originalContentUrl,
                            ↳ $audioLength) {
```

```php
  // AudioMessageBuilderの引数はファイルのURL、ファイルの再生時間
  $response = $bot->replyMessage($replyToken, new \LINE\LINEBot\
                         ↳MessageBuilder\AudioMessageBuilder(
                         ↳$originalContentUrl, $audioLength));
  if (!$response->isSucceeded()) {
    error_log('Failed! '. $response->getHTTPStatus . ' ' . $response->
                         ↳getRawBody());
  }
}


// 複数のメッセージをまとめて返信。引数はLINEBot、
// 返信先、メッセージ（可変長引数）
function replyMultiMessage($bot, $replyToken, ...$msgs) {
  // MultiMessageBuilderをインスタンス化
  $builder = new \LINE\LINEBot\MessageBuilder\MultiMessageBuilder();
  // ビルダーにメッセージをすべて追加
  foreach($msgs as $value) {
    $builder->add($value);
  }
  $response = $bot->replyMessage($replyToken, $builder);
  if (!$response->isSucceeded()) {
    error_log('Failed!'. $response->getHTTPStatus . ' ' .
                         ↳ $response->getRawBody());
  }
}


// Buttonsテンプレートを返信。引数はLINEBot、返信先、代替テキスト、
// 画像URL、タイトル、本文、アクション（可変長引数）
function replyButtonsTemplate($bot, $replyToken, $alternativeText,
                         ↳ $imageUrl, $title, $text, ...$actions) {
  // アクションを格納する配列
  $actionArray = array();
  // アクションをすべて追加
  foreach($actions as $value) {
    array_push($actionArray, $value);
  }
  // TemplateMessageBuilderの引数は代替テキスト、ButtonTemplateBuilder
  $builder = new \LINE\LINEBot\MessageBuilder\TemplateMessageBuilder(
    $alternativeText,
    // ButtonTemplateBuilderの引数はタイトル、本文、
    // 画像URL、アクションの配列
    new \LINE\LINEBot\MessageBuilder\TemplateBuilder\ButtonTemplateBuilder(
                         ↳$title, $text, $imageUrl, $actionArray)
  );
  $response = $bot->replyMessage($replyToken, $builder);
```

```php
    if (!$response->isSucceeded()) {
      error_log('Failed!'. $response->getHTTPStatus . ' ' .
                          ↳ $response->getRawBody());
    }
}

// Confirmテンプレートを返信。引数はLINEBot、返信先、代替テキスト、
// 本文、アクション（可変長引数）
function replyConfirmTemplate($bot, $replyToken, $alternativeText, $text,
                          ↳ ...$actions) {
  $actionArray = array();
  foreach($actions as $value) {
    array_push($actionArray, $value);
  }
  $builder = new \LINE\LINEBot\MessageBuilder\TemplateMessageBuilder(
    $alternativeText,
    // Confirmテンプレートの引数はテキスト、アクションの配列
    new \LINE\LINEBot\MessageBuilder\TemplateBuilder\
                          ↳ConfirmTemplateBuilder ($text, $actionArray)
  );
  $response = $bot->replyMessage($replyToken, $builder);
  if (!$response->isSucceeded()) {
    error_log('Failed!'. $response->getHTTPStatus . ' ' .
                          ↳ $response->getRawBody());
  }
}

// Carouselテンプレートを返信。引数はLINEBot、返信先、代替テキスト、
// ダイアログの配列
function replyCarouselTemplate($bot, $replyToken, $alternativeText,
                          ↳ $columnArray) {
  $builder = new \LINE\LINEBot\MessageBuilder\TemplateMessageBuilder(
    $alternativeText,
    // Carouselテンプレートの引数はダイアログの配列
    new \LINE\LINEBot\MessageBuilder\TemplateBuilder\
                          ↳CarouselTemplateBuilder($columnArray)
  );
  $response = $bot->replyMessage($replyToken, $builder);
  if (!$response->isSucceeded()) {
    error_log('Failed!'. $response->getHTTPStatus . ' ' .
                          ↳ $response->getRawBody());
  }
}
?>
```

3.5.4 オウム返し

最後に、オウム返しの処理を記述します。

```
foreach ($events as $event) {
  if (!($event instanceof \LINE\LINEBot\Event\MessageEvent)) {
    error_log('Non message event has come');
    continue;
  }
  if (!($event instanceof \LINE\LINEBot\Event\MessageEvent\TextMessage)) {
    error_log('Non text message has come');
    continue;
  }
  // オウム返し
  $bot->replyText($event->getReplyToken(), $event->getText());
}
```

これでひな型が完成しました。デプロイして動作確認しましょう。図3.41のように送ったテキストがオウム返しされれば成功です。

誤って編集してしまわないよう、わかりやすい名前を付け保存しておきましょう。新しいBOTを作成する際は、HerokuとDropboxと接続した時に作られた新規フォルダにまるごとコピーすることで、今後の開発時間の短縮が可能です。

図3.41 ひな型となるプロジェクト

Chapter 4

お天気BOTを作ろう

Chapter 4からは、実際にBOTを作りながらノウハウを学びましょう。
まずはユーザーが入力した住所の天気をお知らせするBOTを作ってみます。
天気の情報は無料で利用できるLivedoor Weather Hacks
（以下APIとします）を利用しましょう。

4.1 位置情報を取得しよう

本節では、ユーザーから送信された情報をもとにAPIから天気の問い合わせが可能な住所IDを取得します。
ユーザーの利便性を考えて、住所の入力はテキストと位置情報の2種類を受け付けるようにします。

4.1.1 テキストから取得する

APIから天気情報を取得するのに、パラメータとして住所IDが必要となります。そのため、まずはユーザーから送信されたテキストをもとに、APIから住所IDを取得してみましょう。

▶ 住所の取得

Chapter 3を参考にLINE Business CenterとHerokuでプロジェクトを作成し、ローカルに同期されたフォルダに3.5「ひな型のコードを書こう」で作成したひな型をまるごとコピーします（図4.1）。

図4.1 ひな型をコピー

次に、ライブラリをComposerでインストールします。APIを使う上でXML形式のデータのパースが必要になるのですが、ライブラリを使うことで簡単に処理を行えるようになります。
ターミナルを開いてプロジェクトのフォルダに移動した上で以下のコマンドを入力してください。

```
composer require fabpot/goutte
```

Goutteと、関連するライブラリがプロジェクトフォルダにダウンロードされます。GoutteはWebのクロールやスクレイピングを便利にするライブラリなのですが、とても面倒なXML

の扱いもでき、BOTの開発に要する時間が短縮できますので利用します。

　ではAPIを利用して、ユーザーから送信されたテキストをパラメータに、住所IDを取得してみましょう。

　index.phpを以下のように変更します。

```php
$bot->replyText($event->getReplyToken(), $event->getText());
// 入力されたテキストを取得
$location = $event->getText();

// 住所ID用変数
$locationId;
// XMLファイルをパースするクラス
$client = new Goutte\Client();
// XMLファイルを取得
$crawler = $client->request('GET', 'http://weather.livedoor.com/forecast
                            ↳/rss/primary_area.xml');
// 市名のみを抽出しユーザーが入力した市名と比較
foreach ($crawler->filter('channel ldWeather|source pref city') as $city) {
  // 一致すれば住所IDを取得し処理を抜ける
  if($city->getAttribute('title') == $location || $city->getAttribute(
                            ↳'title') . "市" == $location) {
    $locationId = $city->getAttribute('id');
    break;
  }
}
```

　最初にGoutte\Clientクラスをインスタンス化し、エリア取得APIからXMLデータを取得します。このXMLは次のような構成になっています。

```xml
<rss xmlns:ldWeather="http://weather.livedoor.com/%5C/ns/rss/2.0"
                            ↳version="2.0">
<channel>
  <title>1次細分区定義表 - livedoor 天気情報</title>
  <link>http://weather.livedoor.com/?r=rss</link>
        .
        .
        .
  <ldWeather:provider name="（株）ハレックス" link="http://www.halex.co.jp/
                            ↳halexbrain/weather/"/>
  <ldWeather:provider name="日本気象協会" link="http://tenki.jp/"/>
  <ldWeather:source title="全国" link="http://weather.livedoor.com/
                            ↳forecast/rss/index.xml">
    <pref title="青森県">
```

```
        <warn title="警報・注意報" source="http://weather.livedoor.com/
                      ↳forecast/rss/warn/02.xml"/>
        <city title="青森" id="020010" source="http://weather.livedoor.com/
                      ↳forecast/rss/area/020010.xml"/>
        <city title="むつ" id="020020" source="http://weather.livedoor.com/
                      ↳forecast/rss/area/020020.xml"/>
        <city title="八戸" id="020030" source="http://weather.livedoor.com/
                      ↳forecast/rss/area/020030.xml"/>
    </pref>
    <pref title="岩手県">
        ・
        ・
        ・
```

XMLデータをたどると、channel > ldWeather:source > city 要素が配列になっており、各要素に住所とそのIDが格納されています。また、県名ではなく市の名前にのみIDが振られていることがわかります。このIDが天気データを取得に必要となります。この要素だけを取得しループで処理するためにGoutteを使っています。名前空間が設定されていて普通なら面倒な処理になるのですが、このようにライブラリを利用すると時間が短縮できます。

あとはユーザーが入力したテキストと市の名前を比較し、同じものがあればID属性を変数 $locationID に格納してループを抜けます。

● 該当するものがなかった場合のサジェスト機能

ユーザーが送信したテキストと取得した市名の配列の各要素を比較していずれにも一致しなかった場合、「該当する市がありません。」というようなメッセージを返信するだけでも最低限の機能とはいえますが、今回のような用途の場合、県名で検索するユーザーのほうが多いかもしれません。

ということで、より親切に、県名を入力された場合はその県内の市を選択肢として返信してあげましょう。XMLでいうとcity要素に該当しなければ、pref要素へのループへと移行する形となります。

以下をindex.phpに追記します。

```php
foreach ($crawler->filter('channel ldWeather|source pref city') as
                      ↳ $city) {
  if(strpos($city->getAttribute('title'), $location) !== false) {
    $locationId = $city->getAttribute('id');
    break;
```

```
    }
  }
  // 一致するものがなければ
  if(empty($locationId)) {
    // 候補の配列
    $suggestArray = array();
    // 県名を抽出しユーザーが入力した県名と比較
    foreach ($crawler->filter('channel ldWeather|source pref') as $pref) {
      // 一致すれば
      if(strpos($pref->getAttribute('title'), $location) !== false) {
        // その県に属する市を配列に追加
        foreach($pref->childNodes as $child) {
          if($child instanceof DOMElement && $child->nodeName == 'city') {
            array_push($suggestArray, $child->getAttribute('title'));
          }
        }
        break;
      }
    }
  }
}
```

変数 `$locationId` が空かどうかをチェックし、空ならユーザーが送信したテキストと XMLの `pref` 要素を比較します。

この際、`==` ではなく `strpos` 関数を使っているのはXML側が「○○県」というような形で格納されているためです。`==` を使ってしまうと「東京」という入力文字列に対して「東京都」がヒットしません。一致した場合は、子要素をループしてその県に含まれ、住所IDを取得可能な文字列を配列 `$suggestArray` に追加しています。

これで候補を配列に格納できるので、ユーザーにサジェストする形のButtonsテンプレートを送信しましょう。

以下のように変更します。

```
  if(empty($locationId)) {
    $suggestArray = array();
    foreach ($crawler->filter('channel ldWeather|source pref') as $pref) {
      if(strpos($pref->getAttribute('title'), $location) !== false) {
        foreach($pref->childNodes as $child) {
          if($child instanceof DOMElement && $child->nodeName == 'city') {
            array_push($suggestArray, $child->getAttribute('title'));
          }
        }
        break;
```

```
        }
      }
      // 候補が存在する場合
      if(count($suggestArray) > 0) {
        // アクションの配列
        $actionArray = array();
        //候補をすべてアクションにして追加
        foreach($suggestArray as $city) {
          array_push($actionArray, new LINE\LINEBot\TemplateActionBuilder\
                          ↳MessageTemplateActionBuilder ($city, $city));
        }
        // Buttonsテンプレートを返信
        $builder = new \LINE\LINEBot\MessageBuilder\TemplateMessageBuilder(
          '見つかりませんでした。',
          new \LINE\LINEBot\MessageBuilder\TemplateBuilder\
                          ↳ButtonTemplateBuilder (
                          ↳'見つかりませんでした。',
                          ↳ 'もしかして？', null, $actionArray));
        $bot->replyMessage($event->getReplyToken(), $builder
      );
    }
    // 候補が存在しない場合
    else {
      // 正しい入力方法を返信
      replyTextMessage($bot, $event->getReplyToken(),
                          ↳'入力された地名が見つかりませんでした。
                          ↳市を入力してください。');
    }
    // 以降の処理はスキップ
    continue;
  }
  replyTextMessage($bot, $event->getReplyToken(), $location .
                          ↳ 'の住所IDは' . $locationId . "です。");
}
```

　配列$suggestArrayをチェックし、1つでも要素が入っていればButtonsテンプレートのボタンに市の名前と、タップされたらそれをユーザーから送信させるアクションを付与し、送信しています。

　また、配列$suggestArrayに要素が1つもない場合は入力のルールをテキストメッセージで返信します。

この状態でデプロイし、「神奈川」と入力してみましょう。「神奈川」という市はないので、神奈川県で検索可能な市の名前がButtonsテンプレートとして送られます。

「横浜」をタップしてみましょう（図4.2）。
これでユーザーから送信されたテキストから、APIで天気を取得可能な住所IDを取得することができました。

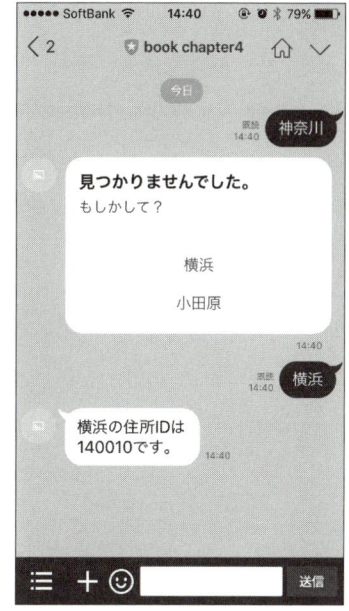

 サジェストがないと、ユーザーはバグと思って離脱してしまう可能性があります。使用するユーザーの立場に立って考えるようにしましょう。

図4.2 住所IDを取得できた

4.1.2 位置情報から取得する

次にもう1つのオプションとして、ユーザーから送信された位置情報から住所を取得してみましょう。このBOTではあまり使わないかもしれませんが、現在地の送信には使うことが多そうな機能なので、こちらもあわせて学びましょう。

最初に、メッセージのフィルタを変更しましょう。
index.phpに以下を追加してください。インデントも適宜変更しておくといいでしょう。

```php
if (!($event instanceof \LINE\LINEBot\Event\MessageEvent\TextMessage)) {
  error_log('Non text message has come');
  continue;
}
if ($event instanceof \LINE\LINEBot\Event\MessageEvent\TextMessage) {
  $location = $event->getText();
}
// LocationMessageクラスのインスタンスの場合
else if ($event instanceof \LINE\LINEBot\Event\MessageEvent\
                          LocationMessage) {
  // LocationMessageの内容を返す
  replyTextMessage($bot, $event->getReplyToken(), $event->getAddress() .
                '[' . $event->getLatitude() . ',' .
                $event->getLongitude() . ']');
```

```
    continue;
  }
  $locationId;
  $client = new Goutte\Client();
```

これまでは`MessageEvent`の中でも`Text`だけを処理していましたが、`LocationMessage`も処理するように変更しました。`LocationMessage`の中身を確認するため、`TextMessage`を返信しています。これで一度デプロイしてください。

LINEアプリからBOTに位置情報を送信してみましょう（図4.3、図4.4）。

図4.3 位置情報を送信

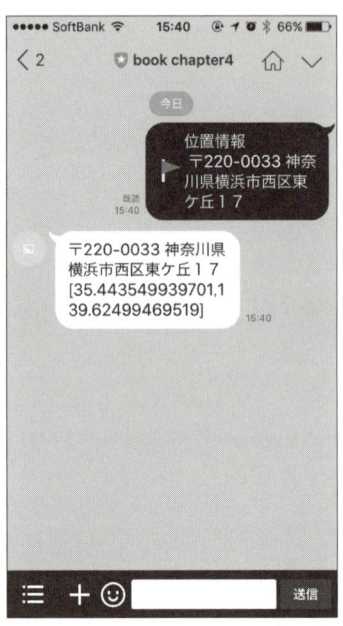

図4.4 LocationMessageの内容の確認

`$event->getLatitude()`で緯度が取得できていることが確認できます。なお、`Text Message`に対して`getLatitude`関数を呼んでしまうとエラーで強制終了してしまい、以降の処理は行われません。

このように、`MessageEvent`にもさまざまな種類があるため、型をチェックし、それに応じてインスタンスから中身を取り出します。

`LocationMessage`に対して`getAddress`関数を使うと送られた住所をテキストで取得できますが、必要なのは市の名前で、連結された文字列から市の名前のみを取得しようとするとバグが入る可能性があります。「市」という漢字を探して抜き出すようなアプローチになり

ますが、「市川市」など、市の名前に「市」という文字が入っている可能性も考慮しなければなりません。

　ということで、無料で利用できるGoogleのジオコーダーを利用しましょう。こちらであれば連結された文字列ではなく、県や市が別のフィールドに入った状態で取得できます。
　以下を追記してください。

```php
replyTextMessage($bot, $event->getReplyToken(), $event->getAddress() .
                       '[' . $event->getLatitude() . ',' .
                       $event->getLongitude() . ']');
// Google APIにアクセスし緯度経度から住所を取得
$jsonString = file_get_contents('https://maps.googleapis.com/maps/api/
                       geocode/json?language=ja&latlng=' .
                       $event->getLatitude() . ',' .
                       $event->getLongitude());
// 文字列を連想配列に変換
$json = json_decode($jsonString, true);
// 住所情報のみを取り出し
$addressComponentArray = $json['results'][0]['address_components'];
// 要素をループで処理
foreach($addressComponentArray as $addressComponent) {
  // 県名を取得
  if(in_array('administrative_area_level_1', $addressComponent
                       ['types'])) {
    $prefName = $addressComponent['long_name'];
    break;
  }
}
// 東京と大阪の場合他県と内容が違うので特別な処理
if($prefName == '東京都') {
  $location = '東京';
} else if($prefName == '大阪府') {
  $location = '大阪';
// それ以外なら
} else {
  // 要素をループで処理
  foreach($addressComponentArray as $addressComponent) {
    // 市名を取得
    if(in_array('locality', $addressComponent['types']) &&
                       !in_array('ward',
                       $addressComponent['types'])) {
      $location = $addressComponent['long_name'];
      break;
```

```php
      }
     }
    }
  continue;
}

  $locationId;
  $client = new Goutte\Client();
```

　Googleのジオコーダーに緯度経度をパラメータとして渡すと、JSON形式で住所の情報を返してくれます。以下のようなJSONになります。

```json
{
  "results" : [
    {
      "address_components" : [
        {
          "long_name" : "150-8512",
          "short_name" : "150-8512",
          "types" : [ "postal_code" ]
        },
        {
          "long_name" : "1",
          "short_name" : "1",
          "types" : [ "political", "sublocality", "sublocality_
                      ⮡level_3" ]
        },
        {
          "long_name" : "26",
          "short_name" : "26",
          "types" : [ "political", "sublocality", "sublocality_
                      ⮡level_2" ]
        },
        {
          "long_name" : "桜丘町",
          "short_name" : "桜丘町",
          "types" : [ "political", "sublocality", "sublocality_
                      ⮡level_1" ]
        },
        {
          "long_name" : "渋谷区",
          "short_name" : "渋谷区",
          "types" : [ "locality", "political" ]
        },
```

```
        {
            "long_name" : "東京都",
            "short_name" : "東京都",
            "types" : [ "administrative_area_level_1", "political" ]
        },
        {
            "long_name" : "日本",
            "short_name" : "JP",
            "types" : [ "country", "political" ]
        }
    ],
    "formatted_address" : "日本，〒150-8512 東京都渋谷区桜丘町26-1",
    "geometry" : {
        "bounds" : {
            "northeast" : {
                "lat" : 35.6565083,
                "lng" : 139.6998693
            },
            "southwest" : {
                "lat" : 35.6561375,
                "lng" : 139.6993519
            }
        },
        "location" : {
            "lat" : 35.6563422,
            "lng" : 139.6996333
        },
        "location_type" : "ROOFTOP",
        "viewport" : {
            "northeast" : {
                "lat" : 35.6576718802915,
                "lng" : 139.7009595802915
            },
            "southwest" : {
                "lat" : 35.6549739197085,
                "lng" : 139.6982616197085
            }
        }
    },
    "place_id" : "ChIJlTCsEVeLGGAR0P9ta00tz9c",
    "types" : [ "premise" ]
},
{
```

お天気BOTを作ろう

1 位置情報を取得しよう

まずは県名を取得します。東京か大阪だった場合は、他の県だと市の名前が入るところに区が入ってしまいますので、別の処理とします。

また、市の名前でIDを取得できなかった場合に文字からの位置情報の時と同様に県名からサジェストするので、変数 $prefName に格納しておきます。東京、大阪以外の場合は要素をフィルタリングして市の名前を抜き出します。

位置情報からの住所IDを取得する場合、現在地を送信されるようなケースが多いと考えられるため、送信された市の情報が住所IDに入っていない可能性が高くなります。そのような場合のため、先ほど取得しておいた県名からサジェストを行うようにしましょう。

以下を追記してください。

```
if(empty($locationId)) {
    // 位置情報が送られた時は県名を取得済みなのでそれを代入
    if ($event instanceof \LINE\LINEBot\Event\MessageEvent\
                        ┗LocationMessage) {
        $location = $prefName;
    }
    $suggestArray = array();
    foreach ($crawler->filter('channel ldWeather|source pref') as $pref) {
```

これで市の名前で出てこない場合は、その県内でIDの存在する市をサジェストしてくれるようになります（図4.5）。

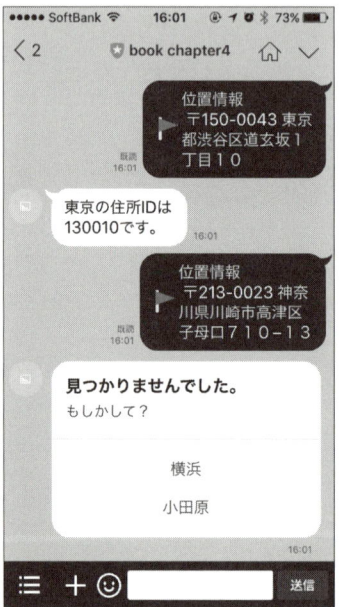

図4.5 位置情報からの住所IDの取得

お天気の（外部）APIから結果を取得、返信しよう

> 本節では、前節で取得した住所IDをパラメータとしてお天気情報のAPIにアクセスし、情報を取得します。
> 取得した情報から必要な部分のみを抜き出し、更新日時を付けてユーザーに送信します。

住所IDが取得できたので、APIから天気を取得し、ユーザーに返信しましょう。

以下を追記します。

```php
    else {
      replyTextMessage($bot, $event->getReplyToken(),
                          '入力された地名が見つかりませんでした。
                          市を入力してください。');
    }
    continue;
  }
  replyTextMessage($bot, $event->getReplyToken(), $location .
                          'の住所IDは' . $locationId . "です。");
  // 住所IDが取得できた場合、その住所の天気情報を取得
  $jsonString = file_get_contents('http://weather.livedoor.com/forecast/
                          webservice/json/v1?city=' . $locationId);
  // 文字列を連想配列に変換
  $json = json_decode($jsonString, true);

  // 形式を指定して天気の更新時刻をパース
  $date = date_parse_from_format('Y-m-d\TH:i:sP', $json['description']
                          ['publicTime']);

  // 天気情報と更新時刻をまとめて返信
  replyTextMessage($bot, $event->getReplyToken(), $json['description']
                          ['text'] . PHP_EOL . PHP_EOL .
    '最終更新：' . sprintf('%s月%s日%s時%s分', $date['month'], $date
                          ['day'], $date['hour'], $date['minute']));
}
```

データをJSON形式で取得し、本文を抜き出しています。より便利にするため、フォーマットした日付を最後に追加しました。PHP_EOLは改行を表します。

デプロイして確認してみましょう。

　天気の情報と取得日時が返信されるようになりました（図4.6）。

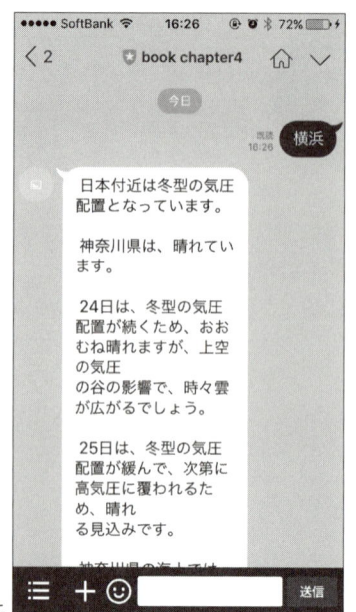

図4.6　天気情報が送信された

4.3 スタンプを活用しよう

> 本節では、ユーザーにお天気の情報を送信する際にスタンプを追加して、よりリッチなメッセージになるよう工夫します。
> 晴れや雨にはちょうどいいスタンプがありますのでそちらを追加しましょう。

　BOTからの返事が文字だけだと寂しいので、晴れと雨の場合はスタンプも送るようにしてみましょう。晴れのち曇りや雨時々晴れなどさまざまな天気情報があり、すべてに対応するのは不可能なので、晴れと雨の場合のみそれっぽいスタンプを追加で送るようにします。

　以下のように変更してください。

```php
replyTextMessage($bot, $event->getReplyToken(), $json['description']
                       ['text'] . PHP_EOL . PHP_EOL .
  '最終更新：' . sprintf('%s月%s日%s時%s分', $date['month'],$date
                       ['day'], $date['hour'], $date['minute']));
// 予報が晴れの場合
if($json['forecasts'][0]['telop'] == '晴れ') {
  // 天気情報、更新時刻、晴れのスタンプをまとめて送信
  replyMultiMessage($bot, $event->getReplyToken(),
    new \LINE\LINEBot\MessageBuilder\TextMessageBuilder(
                       $json['description']['text'] . PHP_EOL .
                       PHP_EOL .
      '最終更新：' . sprintf('%s月%s日%s時%s分', $date['month'],$date
                       ['day'], $date['hour'], $date['minute'])),
    new \LINE\LINEBot\MessageBuilder\StickerMessageBuilder(2, 513)
  );
// 雨の場合
} else if($json['forecasts'][0]['telop'] == '雨') {
  replyMultiMessage($bot, $event->getReplyToken(),
    // 天気情報、更新時刻、雨のスタンプをまとめて送信
    new \LINE\LINEBot\MessageBuilder\TextMessageBuilder($json
                       ['description']['text'] . PHP_EOL .
                       PHP_EOL . '最終更新：' .
                       sprintf('%s月%s日%s時%s分',
                       $date['month'], $date['day'],
                       $date['hour'], $date['minute'])),
    new \LINE\LINEBot\MessageBuilder\StickerMessageBuilder(2, 507)
```

```
    );
    // 他
} else {
    // 天気情報と更新時刻をまとめて返信
    replyTextMessage($bot, $event->getReplyToken(), $json['description']
                    ↳['text'] . PHP_EOL . PHP_EOL .
      '最終更新:' . sprintf('%s月%s日%s時%s分', $date['month'],$date
                    ↳['day'], $date['hour'], $date['minute']));
}
```

これでデプロイして実行すると、天気予報が晴れか雨の時はスタンプも同時に送信されます（図4.7）。

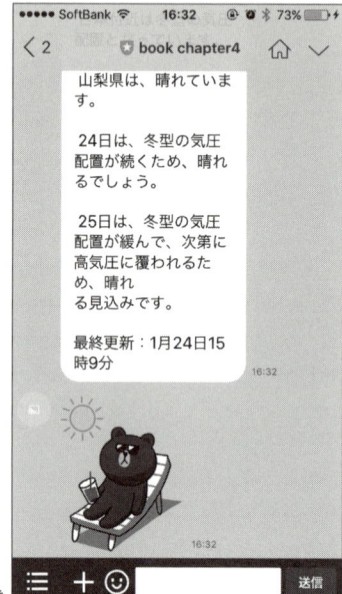

図4.7 スタンプの送信

4.4 Push APIの使用例

本節では、毎日朝8時にユーザーへお天気を自動的に送信するよう設定してみます。
Reply APIではなくPush APIを利用することで、ユーザーからのアクションがなくてもメッセージの送信が可能になります。
送信スケジュールはHeroku Schedulerで設定しましょう。

これまで、メッセージの送信にはReply APIを利用してきました。しかし、今回作成した天気を教えてくれるBOTの場合、毎朝決まった時間に送ってくれるようなBOTにするとより便利かもしれません。そのような場合には、前述したPush APIを利用することで相手からのメッセージがなくてもユーザーIDをキーにメッセージを送信することができます。

まずは自身のユーザーIDを取得しましょう。index.phpを以下のように変更します。

```
foreach ($events as $event) {
    // ユーザーIDを表示
    error_log($event->getUserId());
    if (!($event instanceof \LINE\LINEBot\Event\MessageEvent)) {
```

これでデプロイして呼びかけるとユーザーIDが出力されるので、コピーしてください。index.phpは元に戻して問題ありません（図4.8）。

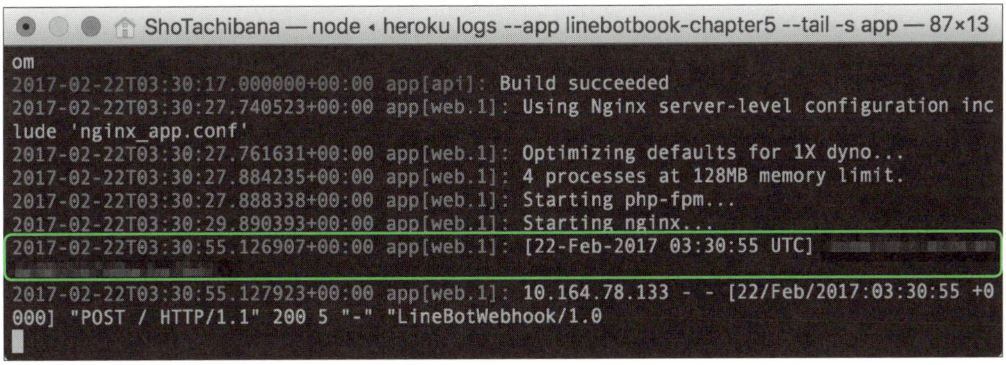

図4.8 ユーザーIDの取得

次にindex.phpと同じ階層にpushMessage.phpという名前でファイルを作成し、以下を入力してください。

```php
<?php

// Composerでインストールしたライブラリを一括読み込み
require_once __DIR__ . '/vendor/autoload.php';

// アクセストークンを使いCurlHTTPClientをインスタンス化
$httpClient = new \LINE\LINEBot\HTTPClient\CurlHTTPClient(getenv(
                    'CHANNEL_ACCESS_TOKEN'));
// CurlHTTPClientとシークレットを使いLINEBotをインスタンス化
$bot = new \LINE\LINEBot($httpClient, ['channelSecret' => getenv(
                    'CHANNEL_SECRET')]);

// あなたのユーザーIDを入力してください
$userId = 'ユーザーID';
$message = 'Hello Push API';

// メッセージをユーザーID宛てにプッシュ
$response = $bot->pushMessage($userId, new \LINE\LINEBot\MessageBuilder\
                    TextMessageBuilder($message));
if (!$response->isSucceeded()) {
  error_log('Failed!'. $response->getHTTPStatus . ' ' .
                     $response->getRawBody());
}

?>
```

Reply APIと違うのは関数がpushMessageになっている点、第1引数が$replyTokenでなく$userIdとなっている点です。

$userIdに先ほどコピーしたあなたのユーザーIDを代入した上でデプロイし、ブラウザにURLを入力してアクセスしてみましょう。URLは以下の形式です。

URL https://（Herokuのプロジェクト名）.
herokuapp.com/pushMessage.php

LINEアプリにメッセージが送られます（図4.9）。

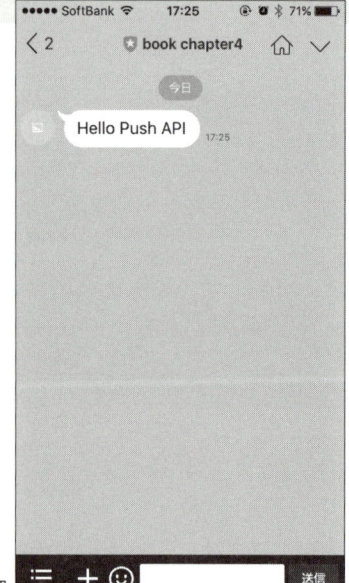

図4.9 Push APIの確認

ではさらに、このスクリプトを毎朝自動的に呼び出すようにしてみましょう。Herokuのアドオンに Heroku Scheduler というものがありますのでこちらを利用します。

Herokuの該当アプリのページから、[Resources] をクリック、Add-onsの検索窓に「Scheduler」と入力し、結果から [Heroku Scheduler] をクリックしてインストールします（図4.10）。

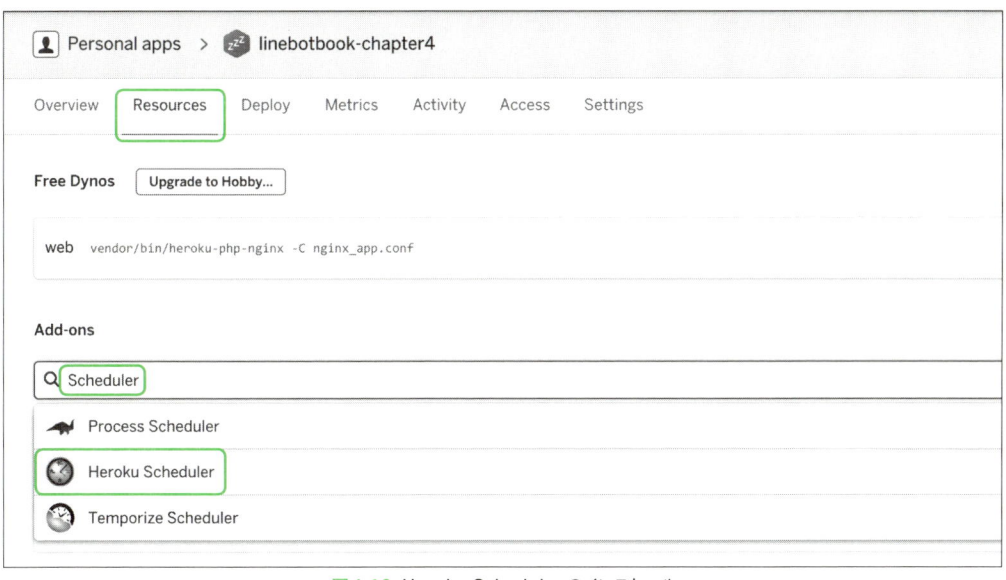

図4.10 Heroku Scheduler のインストール

インストールが完了したらクリックしてください。別窓で管理画面が開きます。[Add new Job] をクリックし、図4.11 のように設定してください。

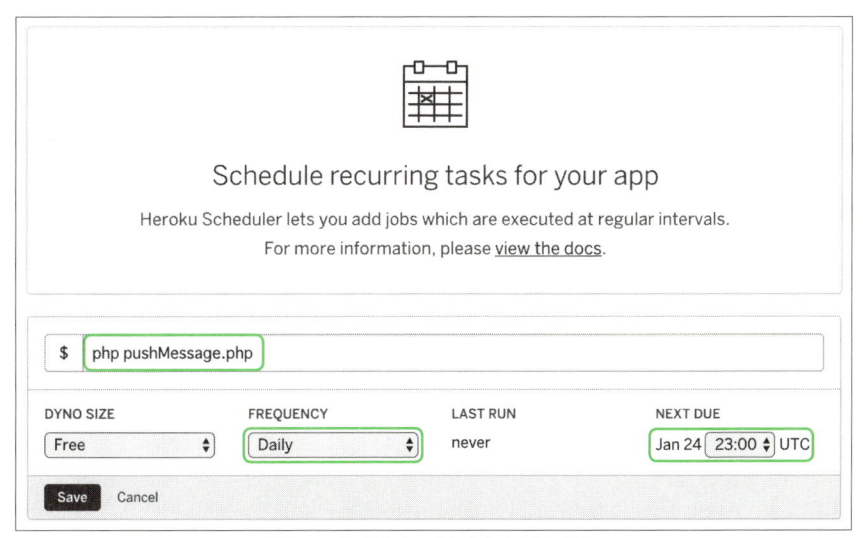

図4.11 毎朝8時に実行されるように設定

設定はUTCですので9時間遅れた時間を指定します。

　以上でPush APIが使えるようになりました。Push APIは有料なので気軽には使えませんが、お天気BOTのようにユーザーが決まったタイミングで欲しいような情報はぜひPush APIの利用も検討してみてください。

Chapter 5

リバーシBOTを作ろう

Chapter 5 では、CPUとリバーシで対戦できるBOTを開発します。
Chapter 4 までに学んだLINE Messaging APIの基本的な機能に加え、
データベース、Imagemap Message、簡単なAIの実装など少し難しくなりますが、
マスターすると格段に実現できることが増えるので頑張りましょう。

5.1 Imagemapを実装しよう

本節では、リバーシの盤面を描画するために利用するGDライブラリのインストールと使い方を解説し、実際にコードを書いて画像を合成してみます。
さらに、その画像にタップできる範囲を設定できるMessaging APIのImagemapについても解説します。

5.1.1 Imagemapとは？

リバーシを実装するために、まずはImagemapの解説をしておきます。
ImagemapはLINE Messaging APIで送ることができるメッセージの1つで、画像の上にタップ可能なエリアの情報と、そのエリアがタップされた時に起こるアクションを定義したメッセージです（図5.1）。

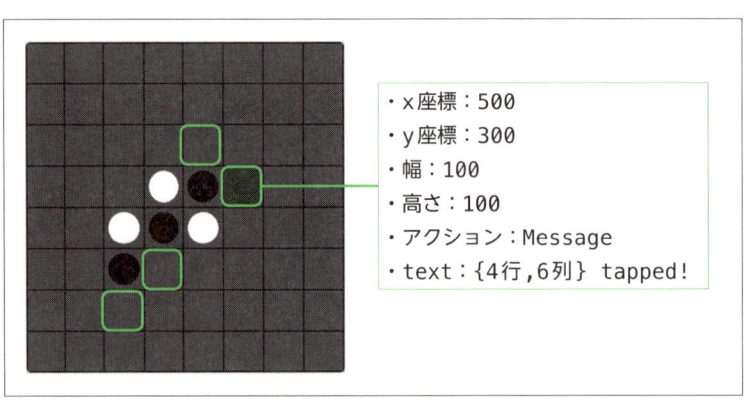

図5.1 Imagemapの図解

今回作るのはリバーシですので、8×8のリバーシ盤面各マスをそれぞれ別のエリアとして定義し、タップされた時にはBOT側にマスの座標を送信し、BOTが座標をもとに処理をするような流れとなります。

タップ時にテキストを送信するだけなのでユーザーにキーボードで入力させても同じ動作となりますが、Imagemapを利用することで格段に直感的で使いやすいUIになりますので、使える場合は使うようにしましょう。

>
> **Hint** なお、Imagemapに定義できるタップ可能なエリアは1個〜49個となっており、リバーシのすべてのマス（8×8＝64）にエリアを置くことはできません。詳しくは後述します。

5.1.2 GDライブラリのダウンロード

　ではまず、PHPで画像の合成やリサイズを可能にするライブラリであるGDライブラリを Composerを使ってインストールしましょう。

　Chapter 3を参考にLINE Business ConnectとHerokuでプロジェクトを作成し、ローカルに同期されたフォルダに3.5「ひな型のコードを書こう」で作成したひな型をまるごとコピーします。

　ターミナルを開きひな型をコピーしたフォルダへ移動し、以下のコマンドを入力してください。

```
composer require ext-gd
```

5.1.3 Macの場合

　ext-gdはローカルでデバッグする際には利用できないよう設定されていますので、ローカルでGDライブラリを利用したい場合はphp.iniを開き、以下の行のコメントアウトを外し有効にしてください。

```
;extension=php_gd2.dll
```

```
extension=php_gd2.dll
```

　これでHeroku上でGDライブラリを使うことができるようになりました。

5.1.4 Windowsの場合

　Windowsをお使いの方は、Chapter 2のOpenSSLエラーの解決方法（30ページ）を参考に、php.ini内の

```
;extension=php_gd2.dll
```

という行の先頭にある「;」を外してください。

　その後、コマンドプロンプトでひな型をコピーしたフォルダに移動し、以下のコマンドを入力してください。

```
composer require ext-gd
```

　これでHeroku上でGDライブラリを使うことができるようになりました。

5.1.5 利用する画像のコピー

　では次に、リバーシの盤面を表現するのに必要な画像を用意しましょう。プロジェクト直下にimgsフォルダを作成し、ダウンロードしたサンプルファイル内のreversi_board.png、reversi_stone_black.png、reversi_stone_white.pngをコピーします（図5.2）。

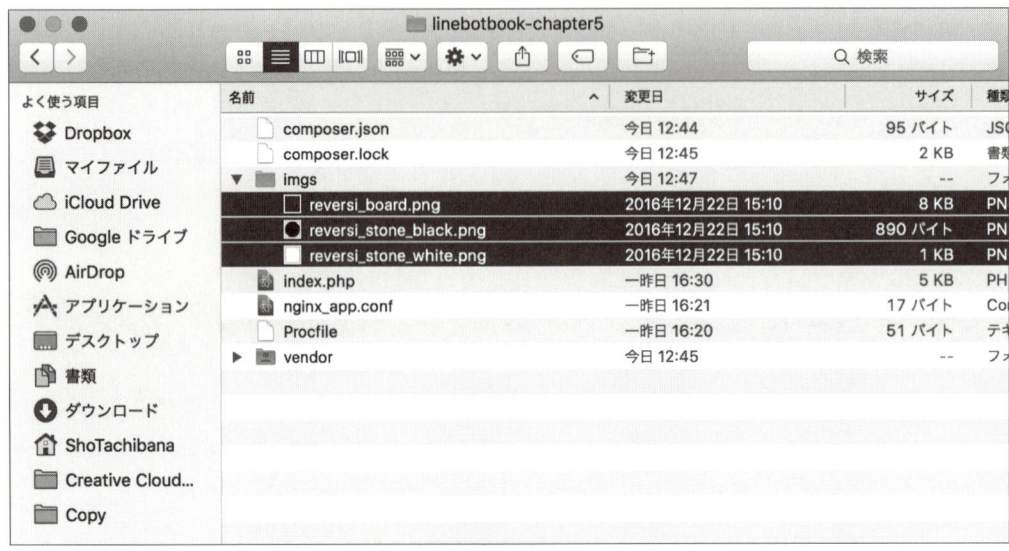

図5.2 画像の準備

　PNG画像を利用すると画像の透過部分を定義できるため、今回のように盤面に丸い石を合成していくためにはJPG形式でなく、PNG形式を利用する必要があります。

5.1.6 index.phpの編集

　では実際にユーザーにImagemap Messageを送信してみましょう。
　index.phpの文末に新たな関数replyImagemapを追記し、index.phpのオウム返し部分を変更します。

```
$bot->replyText($event->getReplyToken(), $event->getText());
// ゲーム開始時の石の配置
$stones =
[
[0, 0, 0, 0, 0, 0, 0, 0],
[0, 0, 0, 0, 0, 0, 0, 0],
[0, 0, 0, 0, 0, 0, 0, 0],
[0, 0, 0, 1, 2, 0, 0, 0],
[0, 0, 0, 2, 1, 0, 0, 0],
```

```
    [0, 0, 0, 0, 0, 0, 0, 0],
    [0, 0, 0, 0, 0, 0, 0, 0],
    [0, 0, 0, 0, 0, 0, 0, 0],
    ];

    // Imagemapを返信
    replyImagemap($bot, $event->getReplyToken(), '盤面',  $stones);
     .
     .
     .
// 盤面のImagemapを返信
function replyImagemap($bot, $replyToken, $alternativeText, $stones) {
  // アクションの配列
  $actionArray = array();
  // 1つ以上のエリアが必要なためダミーのタップ可能エリアを追加
  array_push($actionArray, new LINE\LINEBot\ImagemapActionBuilder\
                          ↳ImagemapMessageActionBuilder(
    '-',
    new LINE\LINEBot\ImagemapActionBuilder\AreaBuilder(0, 0, 1, 1)));

  // ImagemapMessageBuilderの引数は画像のURL、代替テキスト、
  // 基本比率サイズ(幅は1040固定)、アクションの配列
  $imagemapMessageBuilder = new \LINE\LINEBot\MessageBuilder\
                          ↳ImagemapMessageBuilder (
    'https://' . $_SERVER['HTTP_HOST'] .  '/images/' . urlencode(
                          ↳json_encode($stones)) . '/' . uniqid(),
    $alternativeText,
    new LINE\LINEBot\MessageBuilder\Imagemap\BaseSizeBuilder(1040, 1040),
    $actionArray
  );

  $response = $bot->replyMessage($replyToken, $imagemapMessageBuilder);
  if(!$response->isSucceeded()) {
    error_log('Failed!'. $response->getHTTPStatus . ' ' .
                          ↳ $response->getRawBody());
  }
}
?>
```

　replyImagemap関数は石の配置を配列で受け取り、ImagemapMessageを組み立てて
ユーザーに送信します。

　タップできるエリアとアクションを設定するには、エリアとそのエリアがタップされた時に
ユーザーが送信する文字列を指定するImagemapMessageActionBuilderを作成し、配列

`$actionArray`に追加していきます。

　前述の通り、Imagemapには最低1つのエリアとアクションの要素が必要ですので、今回はダミーのエリア情報を入れてあります。のちのち実際のエリアとアクションを定義します。

　`ImagemapMessageActionBuilder`クラスはエリアと、BOTにテキストを送信するアクションを定義したクラスです。このダミーエリアは左上を座標(0,0)として縦横1ピクセルずつをエリアとし、タップされた時にユーザーからBOTに向けて文字列「-」を送信する、というものになります。

　アクションには`ImagemapMessageActionBuilder`の他に`ImagemapUriActionBuilder`クラスもあり、こちらはタップされた際にLINEアプリ内のブラウザでURLを開くアクションとなります。

　次に`ImagemapMessageBuilder`を利用して`ImagemapMessage`をインスタンス化します。

　第1引数は画像のURLとなります。画像の生成に必要な石の配列に加え、画像のキャッシュを防ぐためユニークIDを追加しています。ユニークな文字列なら何でもかまいませんし、開発が終われば外してしまってもかまいません。なお、配列をURLに含めるためにはJSON形式の文字例に変更したあと、URLエンコードを行う必要があります。

　今回指定した画像のURLは以下となります。

URL https://（アプリケーション名）.herokuapp.com/images/（石の配列）/（ユニークID）

　端末が`ImagemapMessage`を受信すると、URLに端末に最適なサイズの情報を付け加えて画像の取得を試みます。

URL https://（アプリケーション名）.herokuapp.com/images/（石の配列）/（ユニークID）
　/700

　700の部分には1040、700、460、300、240のいずれかが入り、それぞれその解像度の画像を返す必要があります。

　第2引数はImagemapが表示できない場合に表示されるテキストです。LINEアプリのトーク一覧や通知画面に表示されます。

　第3引数は画像の縦横比を示します。`BaseSizeBuilder`の第1引数には1040を、第2引数に画像を幅1040ピクセルにリサイズした時高さが何ピクセルになるかを指定します。今回は正方形なので1040, 1040となります。例えば縦横比が2：1の画像を使う場合は1040,

520と指定します。

第4引数は先ほど設定したエリアとアクションの配列です。

以上のように定義されたImagemap Messageを他のメッセージと同様に送信しています。

5.1.7 Procfileの変更とnginx_app.confの作成

Imagemapメッセージが送信され端末で受信すると、指定したURLにサイズ情報を加えたURLに対してリクエストが行われ、結果がトーク画面に表示されます。

URLに追加された解像度もパラメータとして取得しスクリプトで処理する必要がありますので、適切にリダイレクトをしなければなりません。nginxでは、構成ファイルであるProcfileに設定ファイルの場所を指定し、設定ファイル上でリダイレクトを設定できます。

nginx_app.confを以下のように編集します。

```
rewrite /images/(.*)/(.*)/(.*)$ /boardImageGenerator.php?
                        stones=$1&size=$3 break;


index index.php;
```

nginxではrewriteを使ってリダイレクトを定義できます。Apacheと違い、URIのパラメータが「/」から始まることに注意してください。正規表現で端末からImagemapリクエストを検知し、boardImageGenerator.phpにリダイレクトします。その際石の配列とサイズが必要なため、それぞれパラメータとして渡しています。breakを指定することで、URLを一度リダイレクトしたあとは他のマッチングをスキップすることができます。

これで、

URL https://（アプリケーション名）.herokuapp.com/images/（石の配列）/（ユニークID）/700

へのアクセスは、

URL https://（アプリケーション名）.herokuapp.com/boardImageGenerator.php?stones=（石の配列）&size=700

へとリダイレクトされ、スクリプトでパラメータを取得できるようになります。

5.1.8 boardImageGenerator.php の作成

では実際にImagemapを生成するスクリプトを作成します。

index.phpと同じ階層にboardImageGenerator.phpを作成し、以下のように記述してください。

```php
<?php

// Composerでインストールしたライブラリを一括読み込み
require_once __DIR__ . '/vendor/autoload.php';
// 合成のベースとなるサイズを定義
define('GD_BASE_SIZE', 700);

// 合成のベースになる画像を生成
$destinationImage = imagecreatefrompng('imgs/reversi_board.png');

?>
```

まず最初にComposerでインストールしたライブラリを使えるようにし、定数GD_BASE_SIZEを定義します。このサイズで合成作業を行い、最後にリクエストされた解像度にリサイズして表示します。

次に、空の盤面の画像をGDライブラリの imagecreatefrompng 関数で生成します。これを合成のベースとして、上にどんどん石の画像を合成していくようなイメージです。

では次に、配列をもとに石を置く処理を追記します。

```php
$destinationImage = imagecreatefrompng('imgs/reversi_board.png');

// パラメータから現在の石の配置を取得
$stones = json_decode($_REQUEST['stones']);

// 各列をループ
for($i = 0; $i < count($stones); $i++) {
  $row = $stones[$i];
  // 各要素をループ
  for($j = 0; $j < count($row); $j++) {
    // 現在の石を生成
    if($row[$j] == 1) {
      $stoneImage = imagecreatefrompng('imgs/reversi_stone_white.png');
    } elseif($row[$j] == 2) {
      $stoneImage = imagecreatefrompng('imgs/reversi_stone_black.png');
    }
```

```
    // 合成
    if($row[$j] > 0) {
        imagecopy($destinationImage, $stoneImage, 9 + (int)($j * 87.5), 9 +
                        ⌎ (int)($i * 87.5), 0, 0, 70, 70);
        // 破棄
        imagedestroy($stoneImage);
    }
  }
}

?>
```

　まずはnginx_app.confで指定したstonesパラメータを取得し、URLデコードしたあとで配列に変換します。

　石の配列は0が空、1が白、2が黒としてありますので、ループで取得し、0でない時、つまり石が置かれている場合には先ほどと同様に`imagecreatefrompng`関数で石の画像を生成、`imagecopy`関数で合成したあと、`imagedestroy`関数で破棄します。

　`imagecopy`関数の引数は順に、

①合成のベースになる画像
②合成する画像
③ベース画像上で合成の開始地点のＸ座標
④ベース画像上で合成の開始地点のＹ座標
⑤合成する画像のどこを合成するかの開始地点のＸ座標
⑥合成する画像のどこを合成するかの開始地点のＹ座標
⑦合成する画像の開始地点からの幅
⑧合成する画像の開始地点からの高さ

となっています。
これらの関数もGDライブラリに含まれます。

　次に、解像度に合わせてリサイズの処理を追記しましょう。

```
        imagedestroy($stoneImage);
    }
  }
}
// リクエストされているサイズを取得
$size = $_REQUEST['size'];
```

```php
// ベースサイズと同じなら何もしない
if($size == GD_BASE_SIZE) {
  $out = $destinationImage;
// 違うサイズの場合
} else {
  // リクエストされたサイズの空の画像を生成
  $out = imagecreatetruecolor($size ,$size);
  // リサイズしながら合成
  imagecopyresampled($out, $destinationImage, 0, 0, 0, 0, $size, $size,
                     ↳ GD_BASE_SIZE, GD_BASE_SIZE);
}

?>
```

　端末からリダイレクトを経て渡されたサイズと GD_BASE_SIZE を比較し、同じなら合成後の画像をそのまま変数 $out に、そうでなければ imagecreatetruecolor 関数で変数 $out をサイズ通りに初期化後、合成後の画像をリサイズしながら貼り付けます。

　imagecopyresampled 関数の引数は順に、

① 貼り付け先の画像
② 貼り付ける画像
③ 貼り付け先の開始 X 座標
④ 貼り付け先の開始 Y 座標
⑤ 貼り付ける画像の開始 X 座標
⑥ 貼り付ける画像の開始 Y 座標
⑦ 貼り付け後の幅
⑧ 貼り付け後の高さ
⑨ 貼り付ける幅
⑩ 貼り付ける高さ

となっています。

　最後に画像の出力を行います。

```php
  imagecopyresampled($out, $destinationImage, 0, 0, 0, 0, $size, $size,
                     ↳ GD_BASE_SIZE, GD_BASE_SIZE);
}
// 出力のバッファリングを有効に
ob_start();
// バッファに出力
imagepng($out, null, 9);
```

```
// バッファから画像を取得
$content = ob_get_contents();
// バッファを消去し出力のバッファリングをオフ
ob_end_clean();

// 出力のタイプを指定
header('Content-type: image/png');
echo $content;

?>
```

　ob_start関数で出力のバッファリングを有効にし、imagepng関数で画像を出力します。
　imagepng関数の引数は、出力する画像、出力先、画質となります。画質9が最も高画質
となります。画像の保存は行わないため出力先はnullを指定します。
　バッファをエンコードしたものを変数$contentに格納し、バッファを閉じます。
　あとはヘッダーで出力のコンテンツタイプをPNG画像とし、echoすることで画像を出力
することができます。

　ここまでできたら一度ブラウザで確認してみましょう。デプロイし、以下のURLにアクセ
スします。

URL https://（アプリケーション名）.herokuapp.com/images/%5B%5B0,0,0,0,0,0,0%5
　　D,%5B0,0,0,0,0,0,0,0%5D,%5B0,0,0,0,0,0,0,0%5D,%5B0,0,0,1,2,0,0,0%5D,%5B0,0,
　　0,2,1,0,0,0%5D,%5B0,0,0,0,0,0,0,0%5D,%5B0,0,0,0,0,0,0,0%5D,%5B0,0,0,0,0,0,0,0
　　%5D%5D/someuniqid/700

　図5.3のように表示されれば成功です。

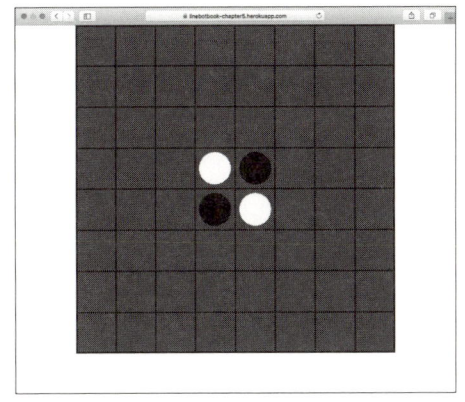

図5.3 画像の合成と出力

ブラウザで確認できたらLINEアプリから
も呼びかけてみます（図5.4）。
　エラーが出る場合は、ターミナルからログ
を確認してみてください。

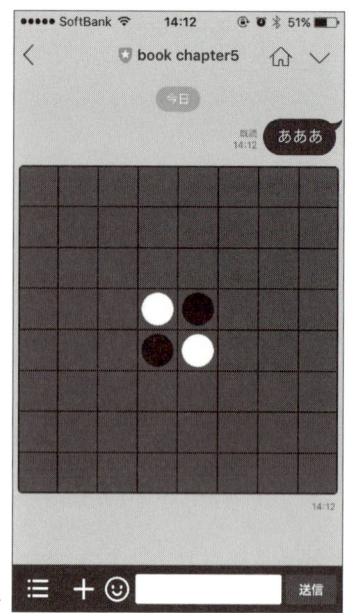

図5.4 ImagemapMessageの送信

5.2 リバーシを実装しよう

本節では、ゲームの進行状況を保存するために利用するデータベースのインストールとテーブルの作成を解説し、実際にコードを書いて進行状況を保存してみます。
さらに、石を置き、挟まれた石がひっくり返るよう実装します。

5.2.1 盤面のデータベースへの保存

ImagemapMessageが送れるようになったので、ゲームの部分を作っていきましょう。ステートの保存のためデータベースへゲームの進行を保存する必要がありますので、まずはデータベースを準備します。

❯ Postgresアドオンのインストール

Herokuでデータベースを使うには、アドオンとしてデータベースをインストールする必要があります。今回は無料で利用できるPostgresを利用します。

Herokuの該当アプリのページ（図5.5）から、[Resources] をクリックします。

[Add-ons] の検索窓に「postgres」と入力し、出てきた [Heroku Postgres] をクリックすると確認ダイアログが出ますので、[Plan name] が「Hobby Dev-Free」になっていることを確認し、[Provision] をクリックします。

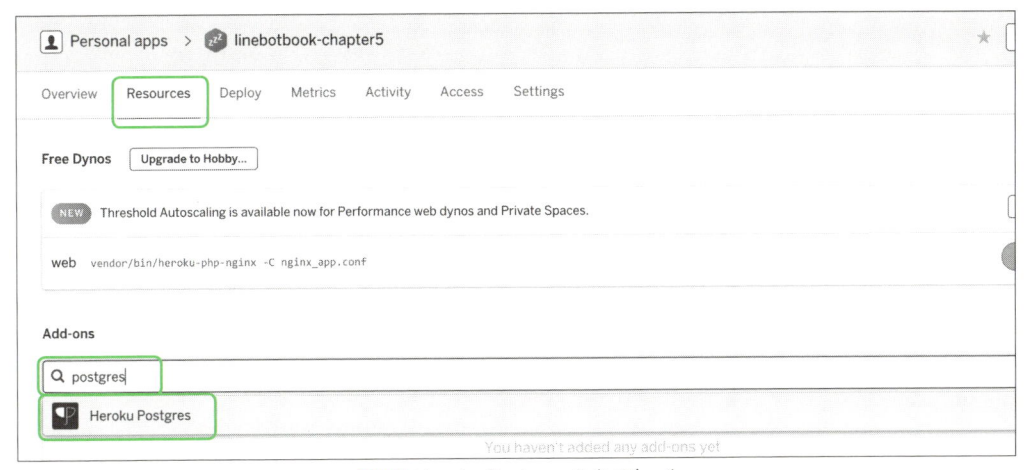

図5.5 Heroku Postgresのインストール

これでこのプロジェクトでPostgresが使えるようになりました。

❯ データベースへの接続と拡張のインストール

ではまず、ターミナルからデータベースへ接続してみましょう。

> **Hint** Windowsをお使いの方は、コマンドプロンプトからデータベースに接続するためにローカルにPostgresをインストールする必要があります。

以下のURLにアクセスし、[Download the installer]をクリックしてください（図5.6）。

URL https://www.postgresql.org/
└ download/windows/

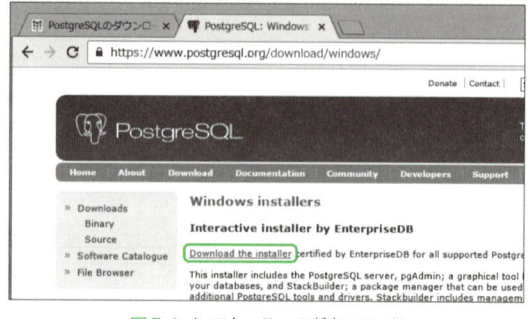

図5.6 インストーラーのダウンロード

[PostgresSQL 9.6.2]とお使いの環境を選択して[Download Now]をクリックします（図5.7）。

インストーラーのダウンロードが終わったらダブルクリックしてインストールを行いましょう。途中でパスワードを聞かれますので任意のものを入力します。

また、インストール終了時には追加のツールをインストールできるスタックビルダを起動するか聞かれますが、起動する必要はありません。

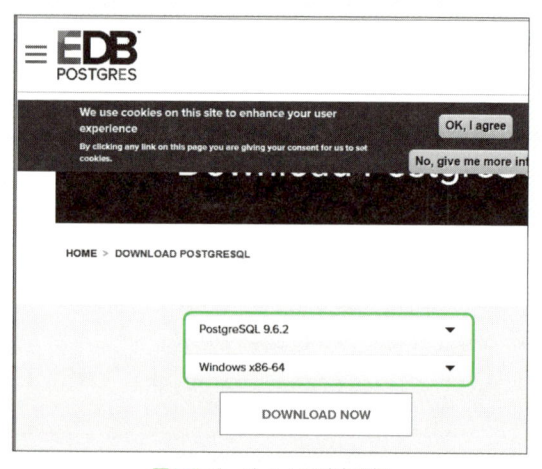

図5.7 バージョンと環境を選択

終わったらChapter 2の2.2.6「PHPのインストール」を参考に、環境変数PATHに「(Postgresのインストール先)\bin」を追加して、再起動します（図5.8）。

図5.8 環境変数を追加

ターミナルを開き、以下のコマンドを入力します。

```
heroku pg:psql --app アプリケーション名
```

これでデータベースへ接続できました。

さらに、拡張モジュールをインストールしておきましょう。暗号化に必要になります。

```
create extension pgcrypto;
```

終わったら図5.9のようなアウトプットになります。ログとデータベースの操作で2つの
ターミナルのウインドウを開いておくといちいち切り替える手間が不要になり便利です。

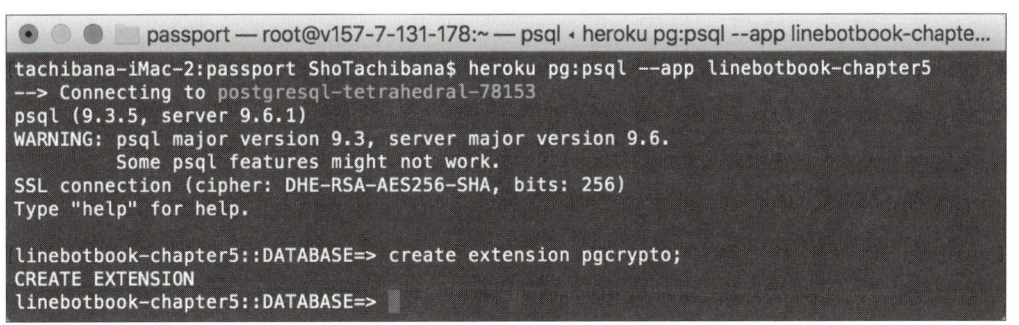

```
tachibana-iMac-2:passport ShoTachibana$ heroku pg:psql --app linebotbook-chapter5
--> Connecting to postgresql-tetrahedral-78153
psql (9.3.5, server 9.6.1)
WARNING: psql major version 9.3, server major version 9.6.
         Some psql features might not work.
SSL connection (cipher: DHE-RSA-AES256-SHA, bits: 256)
Type "help" for help.

linebotbook-chapter5::DATABASE=> create extension pgcrypto;
CREATE EXTENSION
linebotbook-chapter5::DATABASE=>
```

図5.9 データベースへの接続と拡張モジュールのインストール

● テーブルの作成

では、テーブルを作成しましょう。データベースに接続されている状態のターミナルで以下
のコマンドを入力してください。

```
create table stones(userid bytea, stone text);
```

今のところBOTが受け取ったメッセージからユーザーを特定できる情報はユーザーIDのみ
ですので、これと盤面をひも付けて保存するテーブルstonesを作成しました。

5.2.2 レコードの追加

ではコードからレコードを追加してみましょう。その際ユーザーIDはデータベースへ平文
で保存せず、暗号化します。

まずは暗号化に使うパスワードをHerokuの管理画面上に追加します（図5.10）。
CHANNEL_SECRETと同様に、[Setting] → [Config Variables] と進み、「DB_ENCRYPT_
PASS」という名前で適当なパスワードを登録しましょう。

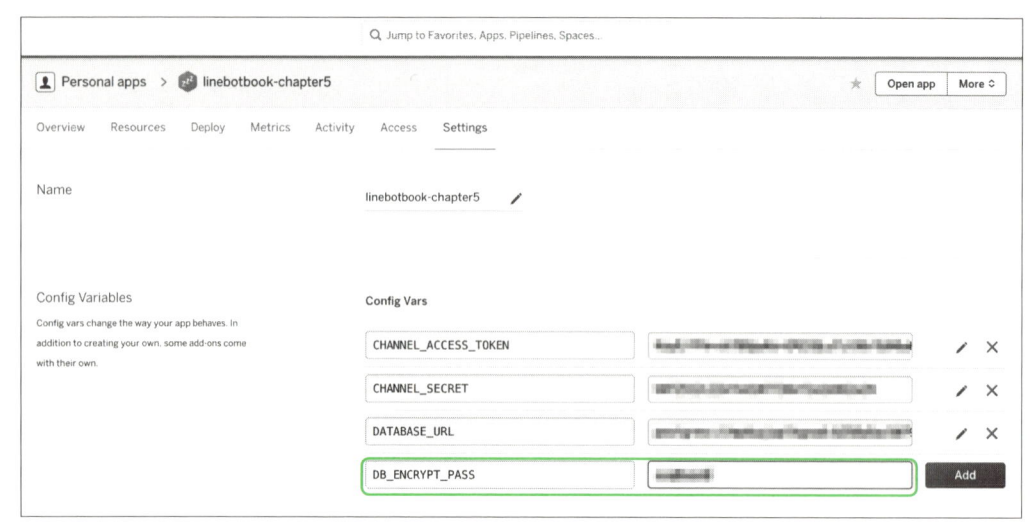
図 5.10 DB_ENCRYPT_PASSを追加

　また、自分で追加していない「DATABASE_URL」という名の環境変数が追加されている
のがわかります。これはPostgresのアドオンを追加したタイミングで自動的に追加され、後
ほどデータベースへの接続の際に利用します。

　ではindex.phpの文末に、データベースへの接続を管理するクラスを作成しましょう。

```php
// データベースへの接続を管理するクラス
class dbConnection {
  // インスタンス
  protected static $db;
  // コンストラクタ
  private function __construct() {

    try {
        // 環境変数からデータベースへの接続情報を取得
        $url = parse_url(getenv('DATABASE_URL'));
        // データソース
        $dsn = sprintf('pgsql:host=%s;dbname=%s', $url['host'], substr(
                        $url['path'], 1));
        // 接続を確立
        self::$db = new PDO($dsn, $url['user'], $url['pass']);
        // エラー時例外を投げるように設定
        self::$db->setAttribute(PDO::ATTR_ERRMODE, PDO::ERRMODE_EXCEPTION);
    }
    catch (PDOException $e) {
      echo 'Connection Error: ' . $e->getMessage();
    }
```

```php
  }

  // シングルトン。存在しない場合のみインスタンス化
  public static function getConnection() {
    if (!self::$db) {
      new dbConnection();
    }
    return self::$db;
  }
}
?>
```

　文末にデータベースへの接続を保持するクラス dbConnection を作成しました。これは環境変数 DATABASE_URL をもとに接続を確立するクラスです。

　クラスにしておくことで何度も同じ接続のコードを書く必要がなくなります。

　続いて、実際にレコードの追加を行う部分です。

```php
require_once __DIR__ . '/vendor/autoload.php';
// テーブル名を定義
define('TABLE_NAME_STONES', 'stones');
    .
    .
    .
    .
  // ユーザーの情報がデータベースに存在しない時
  if(getStonesByUserId($event->getUserId()) === PDO::PARAM_NULL) {
    // ゲーム開始時の石の配置
    $stones =
    [
    [0, 0, 0, 0, 0, 0, 0, 0],
    [0, 0, 0, 0, 0, 0, 0, 0],
    [0, 0, 0, 0, 0, 0, 0, 0],
    [0, 0, 0, 1, 2, 0, 0, 0],
    [0, 0, 0, 2, 1, 0, 0, 0],
    [0, 0, 0, 0, 0, 0, 0, 0],
    [0, 0, 0, 0, 0, 0, 0, 0],
    [0, 0, 0, 0, 0, 0, 0, 0],
    ];
    // ユーザーをデータベースに登録
    registerUser($event->getUserId(), json_encode($stones));
    // Imagemapを返信
    replyImagemap($bot, $event->getReplyToken(), '盤面',  $stones);
```

```
    // 以降の処理をスキップ
    continue;
  // 存在する時
  } else {
    // データベースから現在の石の配置を取得
    $stones = getStonesByUserId($event->getUserId());
  }
  replyImagemap($bot, $event->getReplyToken(), '盤面',  $stones);
}


// ユーザーをデータベースに登録する
function registerUser($userId, $stones) {
  $dbh = dbConnection::getConnection();
  $sql = 'insert into '. TABLE_NAME_STONES .' (userid, stone) values
                        ↳ (pgp_sym_encrypt(?, \'' . getenv(
                        ↳ 'DB_ENCRYPT_PASS') . '\'), ?) ';
  $sth = $dbh->prepare($sql);
  $sth->execute(array($userId, $stones));
}


// ユーザー IDをもとにデータベースから情報を取得
function getStonesByUserId($userId) {
  $dbh = dbConnection::getConnection();
  $sql = 'select stone from ' . TABLE_NAME_STONES . ' where ? =
                        ↳ pgp_sym_decrypt(userid, \'' .
                        ↳ getenv('DB_ENCRYPT_PASS') . '\')';
  $sth = $dbh->prepare($sql);
  $sth->execute(array($userId));
  // レコードが存在しなければNULL
  if (!($row = $sth->fetch())) {
    return PDO::PARAM_NULL;
  } else {
    // 石の配置を連想配列に変換して返す
    return json_decode($row['stone']);
  }
}


function replyTextMessage($bot, $replyToken, $text) {
```

　データベースへの接続を行い、そのユーザーが未登録であればユーザー IDと石の配列を追加しています。

　ユーザー IDは先ほど管理画面上で追加したDB_ENCRYPT_PASSを使って`pgp_sym_encrypt`関数で暗号化しています。

これでいったんデプロイしBOTに呼びかけてみましょう。ユーザーには先ほどと同じように盤面のImagemapMessageが送られますが、同時にレコードが追加されています。ターミナルから以下のコマンドを打ち込むと、実際にテーブルに追加されたデータを見ることができます（図5.11）。

```
select * from stones;
```

```
passport — root@v157-7-131-178:~ — psql ‹ heroku pg:psql --app linebotbook-chapter5...
linebotbook-chapter5::DATABASE=> select * from stones;
      userid
                          |
    stone
--------------------------------------------------------------------------------------
--------------------------------------------------------------------------------------
-----------------------+--------------------------------------------------------------
--------------------------------------------------------------------------------------
 \xc30d040703022d2a2f97dc2b7b086fd25201720941a7a66af45a51600a6cbf5ac9bad710bc6ee4fd7640738
b8c569ab114400a8a3fbf51e67e1d43bd60f77d4730ae8c6a219b0e94e1c18ab20a15ff8b603903af95f9100dd
8f72efc6be3cc0b7217aa | [[0,0,0,0,0,0,0,0],[0,0,0,0,0,0,0,0],[0,0,0,0,0,0,0,0],[0,0,0,1,2,
0,0,0],[0,0,0,2,1,0,0,0],[0,0,0,0,0,0,0,0],[0,0,0,0,0,0,0,0],[0,0,0,0,0,0,0,0]]
(1 row)

linebotbook-chapter5::DATABASE=>
```

図5.11 レコードが追加された

何度か呼びかけても、レコードの追加の前にすでにそのユーザーがテーブルに登録されているかをチェックしているため、同じユーザーによるレコードは重複して保存されないようになっています。

5.2.3 石を置く処理の実装

では次に、ImagemapMessageに適切なエリアを持たせ、ユーザーがタップした場所に石を置く処理を実装しましょう。

リバーシは置いても石がひっくり返らない場所には置けないルールなので、この関数で置けると判定された場合のみ、そのマスをタップ可能にします。

```php
function getStonesByUserId($userId) {
    ・
    ・
    ・
}
// そこに置くと相手の石が何個ひっくり返るかを返す
// 引数は現在の配置、行、列、石の色
function getFlipCountByPosAndColor($stones, $row, $col, $isWhite)
{
  $total = 0;
```

```php
// 石から見た各方向への行、列の数の差
$directions = [[-1, 0],[-1, 1],[0, 1],[1, 0],[1, 1],[1, 0],[1, -1],
                    [0, -1],[-1, -1]];


// すべての方向をチェック
for ($i = 0; $i < count($directions); ++$i) {
    // 置く場所からの距離。1つずつ進めながらチェックしていく
    $cnt = 1;
    // 行の距離
    $rowDiff = $directions[$i][0];
    // 列の距離
    $colDiff = $directions[$i][1];
    // 狭める可能性がある数
    $flipCount = 0;

    while (true) {
        // 盤面の外に出たらループを抜ける
        if (!isset($stones[$row + $rowDiff * $cnt]) || !isset($stones[$row +
                    $rowDiff * $cnt][$col + $colDiff * $cnt])) {
            $flipCount = 0;
            break;
        }
        // 相手の石なら$flipCountを加算
        if ($stones[$row + $rowDiff * $cnt][$col + $colDiff * $cnt] ==
                    ($isWhite ? 2 : 1)) {
            $flipCount++;
        // 自分の石ならループを抜ける
        } elseif ($stones[$row + $rowDiff * $cnt][$col + $colDiff * $cnt] ==
                    ($isWhite ? 1 : 2)) {
            break;
        // どちらの石も置かれていなければループを抜ける
        } elseif ($stones[$row + $rowDiff * $cnt][$col + $colDiff * $cnt]
                    == 0) {
            $flipCount = 0;
            break;
        }
        // 1個進める
        $cnt++;
    }
    // 加算
    $total += $flipCount;
}
// ひっくり返る総数を返す
return $total;
```

```php
}

function replyTextMessage($bot, $replyToken, $text) {
```

　引数として現在の盤面、新たに置こうとしている位置、色を渡すと、そこに置いた場合全部で何個の石がひっくり返るかを返す関数です。

　縦横斜め方向に1マスずつ相手の色の石であるかを判定、そうであれば続行し、自分の色の石にたどり着けばそこまでの相手の石を変数 `$total` に追加していきます。

　次に、`replyImagemap` 関数も今はダミーのエリアが入っているだけなので変更します。

```php
function replyImagemap($bot, $replyToken, $alternativeText, $stones) {

  $actionArray = array();
  array_push($actionArray, new LINE\LINEBot\ImagemapActionBuilder\
                          ↳ImagemapMessageActionBuilder(
    '_',
    new LINE\LINEBot\ImagemapActionBuilder\AreaBuilder(0, 0, 1, 1)));
  // すべてのマスに対して
  for($i = 0; $i < 8; $i++) {
    // 石が置かれていない、かつ
    // そこに置くと相手の石が1つでもひっくり返る場合
    for($j = 0; $j < 8; $j++) {
      if($stones[$i][$j] == 0 && getFlipCountByPosAndColor($stones, $i,
                              ↳$j, true) > 0) {
        // タップ可能エリアとアクションを作成し配列に追加
        array_push($actionArray, new LINE\LINEBot\ImagemapActionBuilder\
                              ↳ImagemapMessageActionBuilder(
          '[' . ($i + 1) . ',' . ($j + 1) . ']',
          new LINE\LINEBot\ImagemapActionBuilder\AreaBuilder(130 * $j,
                              ↳130 * $i, 130, 130)));
      }
    }
  }

  $imagemapMessageBuilder = new \LINE\LINEBot\MessageBuilder\
                          ↳ImagemapMessageBuilder (
    'https://' . $_SERVER['HTTP_HOST'] .  '/images/' . urlencode(
                          ↳json_encode($stones)) . '/' . uniqid(),
    $alternativeText,
    new LINE\LINEBot\MessageBuilder\Imagemap\BaseSizeBuilder(1040, 1040),
    $actionArray
  );
```

```
$response = $bot->replyMessage($replyToken, $imagemapMessageBuilder);
if(!$response->isSucceeded()) {
  error_log('Failed!'. $response->getHTTPStatus . ' ' .
                        ⤷ $response->getRawBody());
}
}
```

石を置けるマス（置くと黒い石をひっくり返せる場所）にはエリア情報を持たせ、タップするとマスをユーザーが発言するアクションをひも付けています。なお、数字をそのまま表示すると最初のマスは「0行目0列」となってしまいユーザーにはわかりにくいため、+1しています。

これで実行し、BOTから送信されたImagemapMessageのマスをタップしてみましょう（図5.12）。自分の石（白）が置ける場所をタップした時のみ、そのマスがBOTへメッセージとして送信されるのが確認できます。

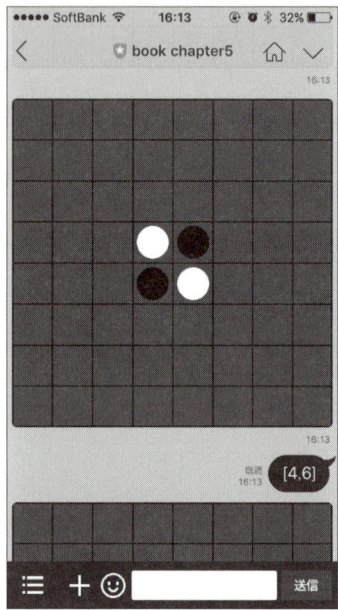

図5.12 ひっくり返る場所のみタップできる

5.2.4 石をひっくり返す処理

では次に、送られたメッセージをもとに石を置き、ひっくり返し、データベースを上書きして盤面をユーザーに送信する処理を実装します。

まず、ユーザーから送られた座標を行と列の配列に変換しましょう。

```
} else {
  $stones = getStonesByUserId($event->getUserId());
}
```

```php
    // 入力されたテキストを [行,列] の配列に変換
    $tappedArea = json_decode($event->getText());
    replyImagemap($bot, $event->getReplyToken(), '盤面', $stones);
```

次に、実際に石を返す実装です。

```php
function getFlipCountByPosAndColor($stones, $row, $col, $isWhite) {
    ・
    ・
    ・
}
// 石を置く。石の配置は参照渡し
function placeStone(&$stones, $row, $col, $isWhite) {
    // ひっくり返す。処理の流れは
    // getFlipCountByPosAndColorとほぼ同じ
    $directions = [[-1, 0],[-1, 1],[0, 1],[1, 0],[1, 1],[1, 0],[1, -1],
                        [0, -1],[-1, -1]];

    for ($i = 0; $i < count($directions); ++$i) {
        $cnt = 1;
        $rowDiff = $directions[$i][0];
        $colDiff = $directions[$i][1];
        $flipCount = 0;

        while (true) {
            if (!isset($stones[$row + $rowDiff * $cnt]) || !isset($stones[$row +
                            $rowDiff * $cnt][$col + $colDiff * $cnt])) {
                $flipCount = 0;
                break;
            }
            if ($stones[$row + $rowDiff * $cnt][$col + $colDiff * $cnt] ==
                            ($isWhite ? 2 : 1)) {
                $flipCount++;
            } elseif ($stones[$row + $rowDiff * $cnt][$col + $colDiff * $cnt] ==
                            ($isWhite ? 1 : 2)) {
                if ($flipCount > 0) {
                    // ひっくり返す
                    for ($i = 0; $i < $flipCount; ++$i) {
                        $stones[$row + $rowDiff * ($i + 1)][$col + $colDiff * ($i + 1)]
                            = ($isWhite ? 1 : 2);
                    }
                }
                break;
            } elseif ($stones[$row + $rowDiff * $cnt][$col + $colDiff * $cnt]
                            == 0) {
```

```
        $flipCount = 0;
        break;
      }
      $cnt++;
    }
  }
  // 新たに石を置く
  $stones[$row][$col] = ($isWhite ? 1 : 2);
}
```

　変数`$stones`（参照渡し）と行、列、色を引数として受け取り、新た石を置いた上で縦横斜め方向に順に判定し、挟んだ石をひっくり返します。

　次に、データベースの上書きを行う関数を実装します。

```
function registerUser($userId, $stones) {
    ・
    ・
    ・
}


// ユーザーの情報を更新
function updateUser($userId, $stones) {
  $dbh = dbConnection::getConnection();
  $sql = 'update ' . TABLE_NAME_STONES . ' set stone = ? where ? =
                      ↳ pgp_sym_decrypt(userid, \'' . getenv(
                      ↳ 'DB_ENCRYPT_PASS') . '\')';
  $sth = $dbh->prepare($sql);
  $sth->execute(array($stones, $userId));
}

function getStonesByUserId($userId) {
```

　では、盤面の更新と送信する前にデータベースへの上書きを行いましょう。

```
  $tappedArea = json_decode($event->getText());

  // ユーザーの石を置く
  placeStone($stones, $tappedArea[0] - 1, $tappedArea[1] - 1, true);
  // ユーザーの情報を更新
  updateUser($event->getUserId(), json_encode($stones));
  replyImagemap($bot, $event->getReplyToken(), '盤面',  $stones);
```

　いったんデプロイして動作検証を行うのですが、流れの確認のために一度レコードを削除してからにしましょう。

先ほどテーブルを作成したのと同じ手順でターミナルから以下のコマンドを打ち込みレコードを削除します（図5.13）。

```
delete from stones;
```

```
●  ●  ●    ▉     passport — root@v157-7-131-178:~ — psql ◂ heroku pg:psql --app linebotbook-chapter5...
linebotbook-chapter5::DATABASE=> select * from stones;
        userid
                         |
    stone
------------------------------------------------------------------------------------------------
-------------------------+----------------------------------------------------------------------
-----------------------------------------------------------------------------------------------
 \xc30d040703022d2a2f97dc2b7b086fd25201720941a7a66af45a51600a6cbf5ac9bad710bc6ee4fd7640738
b8c569ab114400a8a3fbf51e67e1d43b60f77d4730ae8c6a219b0e94e1c18ab20a15ff8b603903af95f9100dd
8f72efc6be3cc0b7217aa | [[0,0,0,0,0,0,0,0],[0,0,0,0,0,0,0,0],[0,0,0,0,0,0,0,0],[0,0,0,1,2,
0,0,0],[0,0,0,2,1,0,0,0],[0,0,0,0,0,0,0,0],[0,0,0,0,0,0,0,0],[0,0,0,0,0,0,0,0]]
(1 row)

linebotbook-chapter5::DATABASE=> delete from stones;
DELETE 1
linebotbook-chapter5::DATABASE=> select * from stones;
 userid | stone
--------+-------
(0 rows)

linebotbook-chapter5::DATABASE=> ▊
```

図5.13 盤面の生成

これでユーザーの登録をリセットできました。

適当に呼びかけてみましょう。盤面が生成され、白が置くことができるマスはタップできます（図5.14）。

タップするとその場所に石が置かれ、挟まれた黒い石がひっくり返り、新たな盤面がユーザーに送信されます。

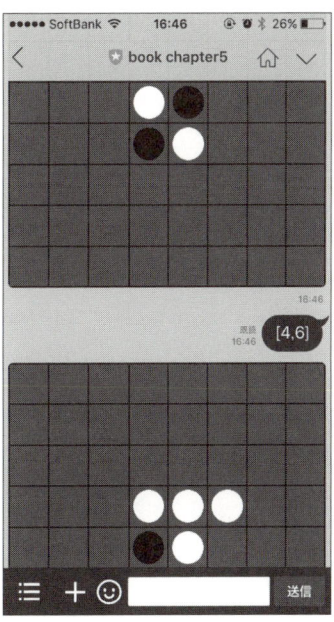

図5.14 盤面の更新

ターミナルを見ると、レコードが更新されているのが確認できます（図 5.15）。

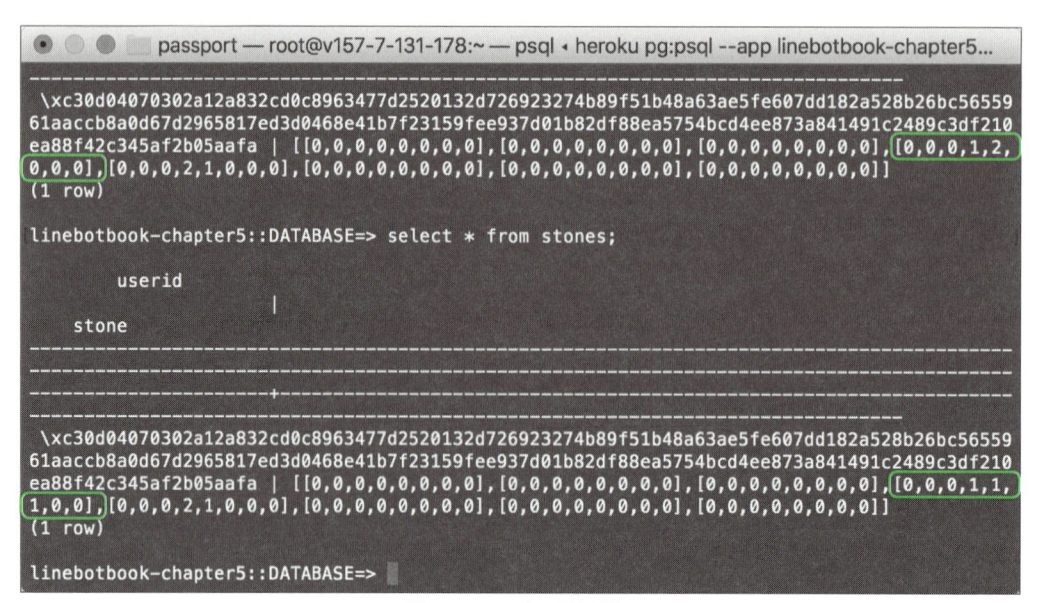

図 5.15 レコードの更新確認

5.3 簡単な **AI** を実装しよう

> 本節では、リバーシの相手となるコンピューター（CPU）が石を置く際の実装を解説します。手順としては、あいているマスを探し、その中で強い順にそこに置けるかどうかを判定していく、という流れとなります。

ユーザーに石を置かせ、それによって盤面を更新することはできましたが、敵もいないとゲームになりませんので、簡単なAIを実装してみましょう。

なお、リバーシのAIについては簡単そうなのですが非常に奥が深く、それだけで何章も費やさなければ解説できませんので、本著ではマスに優先順位を付け、高いものから順に置けるかどうかを判定していくアプローチとします。

まずは以下を追記します。

```php
function placeStone(&$stones, $row, $col, $isWhite) {
    ・
    ・
    ・
}
// 敵の石を置く
function placeAIStone(&$stones) {
  // 強い場所の配列。強い順
  $strongArray = [0, 7, 56, 63, 2, 5, 16, 18, 21, 23, 40, 42, 45, 47,
                        ↳ 58, 61];
  // 弱い場所の配列。強い順
  $weakArray = [1, 6, 8, 15, 48, 57, 62, 9, 14, 49, 54];

  // どちらにも属さない場所の配列
  $otherArray = [];
  for ($i = 0; $i < count($stones) * count($stones[0]); $i++) {
    if (!in_array($i, $strongArray) && !in_array($i, $weakArray)) {
        array_push($otherArray, $i);
    }
  }
  // ランダム性を持たせるためシャッフル
  shuffle($otherArray);
```

```
    // すべてのマスの強い+普通+弱い順の配列
    $posArray = array_merge($strongArray, $otherArray, $weakArray);
}
```

　配列 $strongArray には一般的に強いといわれるマスが強い順に、$weakArray には弱いマスが強い順に入ります。

　なおここでは行、列の形にはせず、わかりやすいよう左上角を 0 マス目、右下角を 63 マス目としてあります。

　角が強いのは当然で、角を取るために必要になることが多い角から 3 マス目も強いマスです。

　逆に斜め方向の角から 2 マス目は、特殊な場合を除いてそこに置いてしまうとほぼ角を取られてしまうので最も弱いとします。縦横方向の角から 2 マス目もそれに続き角を取られるきっかけになる弱いマスです（図 5.16）。

5.16 マスの強さの図解

　$otherArray にはそれ以外のマスがシャッフルされて入ります。シャッフルさせることである程度のランダム要素を持たせ、毎回同じ意志の置き方にならないようにしています。強い場所や弱い場所は同時に置けるようになることはまれですので、シャッフルする必要はありません。

　優先順位が実装できたので、あとはループで回しながら、高い順に置けるかどうかを判定します。

```
    shuffle($otherArray);
```

```
    $posArray = array_merge($strongArray, $otherArray, $weakArray);
```

```
// 1つずつそこに置けるかをチェックし、
// 可能なら置いて処理を終える
for ($i = 0; $i < count($posArray); ++$i) {
  $pos = [$posArray[$i] / 8, $posArray[$i] % 8];
  if ($stones[$pos[0]][$pos[1]] == 0) {
    if (getFlipCountByPosAndColor($stones, $pos[0], $pos[1], false)
                      ⮑ > 0) {
      placeStone($stones, $pos[0], $pos[1], false);
      break;
    }
  }
}
```

　強い順に並んだ配列を最初からそこに置けるかどうか判定していき、置くことができるマスであればそこに黒い石を置きます。

　では、ユーザーが置いたあとに敵も置いてから送信するようにしてみましょう。

```
placeStone($stones, $tappedArea[0] - 1, $tappedArea[1] - 1, true);

// 相手の石を置く
placeAIStone($stones);
updateUser($event->getUserId(), json_encode($stones));
```

　デプロイ後、先ほどと同様にレコードを削除してからゲームを開始してみましょう。自分が置いたあとCPUも置き、更新されたレコードをもとに新しい盤面が送られてくるようになりました（図5.17）。

　これでCPUとリバーシで対戦できるようになりました。

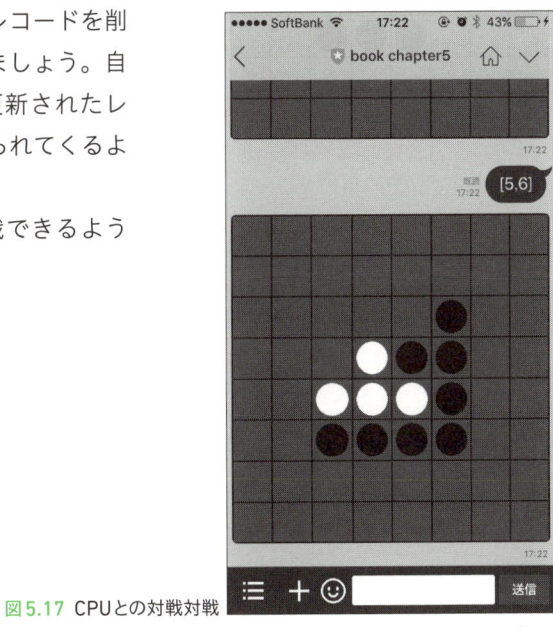

図5.17 CPUとの対戦対戦

5.4 ゲームの進行と終了処理

本節では、ゲームオーバーや石が置けなくなった場合の途中での終了処理などを実装します。ゲームが終了してユーザーに勝敗を通知する際には、スタンプを追加してLINEらしいメッセージにしましょう。

では次に、ゲームに必要な細かい部分の実装を行っていきましょう。手番のスキップと終了処理を実装します。

以下を追記します。

```php
function getStonesByUserId($userId) {
    .
    .
    .
}
// ゲームオーバー
function endGame($bot, $replyToken, $userId, $stones) {
  // それぞれの石の数をカウント
  $white = 0;
  $black = 0;
  for($i = 0; $i < count($stones); $i++) {
    for($j = 0; $j < count($stones[$i]); $j++) {
      if($stones[$i][$j] == 1) {
        $white++;
      } else if($stones[$i][$j] == 2) {
        $black++;
      }
    }
  }

  // 送るテキスト
  if($white == $black) {
    $message = '引き分け！' . sprintf('白：%d、黒 %d', $white, $black);
  } else {
    $message = ($white > $black ? 'あなた' : 'CPU') . 'の勝ち！' .
                          sprintf('白：%d、黒：%d', $white, $black);
  }
```

```php
  // 盤面とダミーエリアのみのImagemapを生成
  $actionArray = array();
  array_push($actionArray, new LINE\LINEBot\ImagemapActionBuilder\
                           ↳ImagemapMessageActionBuilder(
    '_',
    new LINE\LINEBot\ImagemapActionBuilder\AreaBuilder(0, 0, 1, 1)));

  $imagemapMessageBuilder = new \LINE\LINEBot\MessageBuilder\
                           ↳ImagemapMessageBuilder (
    'https://' . $_SERVER['HTTP_HOST'] . '/images/' . urlencode(
                           ↳json_encode($stones) . '/' . uniqid()),
    $message,
    new LINE\LINEBot\MessageBuilder\Imagemap\BaseSizeBuilder(1040, 1040),
    $actionArray);

  // テキストのメッセージ
  $textMessage = new \LINE\LINEBot\MessageBuilder\TextMessageBuilder(
                           ↳ $message);
  // スタンプのメッセージ
  $stickerMessage = ($white >= $black)
    ? new \LINE\LINEBot\MessageBuilder\StickerMessageBuilder(1, 114)
    : new \LINE\LINEBot\MessageBuilder\StickerMessageBuilder(1, 111);

  // Imagemap、テキスト、スタンプを返信
  replyMultiMessage($bot, $replyToken, $imagemapMessageBuilder,
                           ↳ $textMessage, $stickerMessage);
}


// 石が置ける場所があるかを調べる
// 引数は現在の石の配置、石の色
function getCanPlaceByColor($stones, $isWhite) {
  for ($i = 0; $i < count($stones); $i++) {
    for ($j = 0; $j < count($stones[$i]); $j++) {
      if ($stones[$i][$j] == 0) {
        // 1つでもひっくり返るなら真
        if (getFlipCountByPosAndColor($stones, $i, $j, $isWhite) > 0) {
          return true;
        }
      }
    }
  }
  return false;
}
```

これ以上どちらも置けなくなった時に石をカウントし、結果の画像、テキスト、スタンプを送信する関数 endGame と、与えられたマスに与えられた石を置くことができるかどうかを返す関数 getCanPlaceByColor です。

スタンプを利用すると見た目が全然違うので積極的に活用しましょう。

ユーザーへの送信部分も変更します。

```
updateUser($event->getUserId(), json_encode($stones));

// ユーザーも相手も石を置くことができない時
if(!getCanPlaceByColor($stones, true) && !getCanPlaceByColor($stones,
                        ⏎ false)) {
  // ゲームオーバー
  endGame($bot, $event->getReplyToken(), $event->getUserId(), $stones);
  continue;
// 相手のみが置ける時
} else if(!getCanPlaceByColor($stones, true) && getCanPlaceByColor(
                        ⏎$stones, false)) {
  // ユーザーが置けるようになるまで相手が石を置く
  while(!getCanPlaceByColor($stones, true)) {
    placeAIStone();
    updateUser($bot, json_encode($stones));
    // どちらの石も置けなくなったらゲームオーバー
    if(!getCanPlaceByColor($stones, true) && !getCanPlaceByColor(
                        ⏎$stones, false)) {
      endGame($bot, $event->getReplyToken(), $event->getUserId(),
                        ⏎ $stones);
      continue 2;
    }
  }
}
replyImagemap($bot, $event->getReplyToken(), '盤面', $stones);
```

白石も黒石も置けない場合はゲームオーバーに、白が置けない時は置けるようになるまでCPU が続けて石を置きます。

次に、ゲームを終えたユーザーの情報を削除し、再度新しいゲームを始められるようにします。

```
function updateUser($userId, $stones) {
    ・
    ・
    ・
}
// ユーザーの情報をデータベースから削除
function deleteUser($userId) {
```

```
    $dbh = dbConnection::getConnection();
    $sql = 'delete FROM ' . TABLE_NAME_STONES . ' where ? = pgp_sym_decrypt(
                    ⮡userid, \'' . getenv('DB_ENCRYPT_PASS') .
                    ⮡ '\')';
    $sth = $dbh->prepare($sql);
    $flag = $sth->execute(array($userId));
}
    .
    .
    .
function endGame($bot, $replyToken, $userId, $stones) {
    .
    .
    .
    $textMessage = new \LINE\LINEBot\MessageBuilder\TextMessageBuilder(
                    ⮡$message);
    $stickerMessage = ($white >= $black)
      ? new \LINE\LINEBot\MessageBuilder\StickerMessageBuilder(1, 114)
      : new \LINE\LINEBot\MessageBuilder\StickerMessageBuilder(1, 111);

    // データベースからユーザーを削除
    deleteUser($userId);
    replyMultiMessage($bot, $replyToken, $imagemapMessageBuilder,
      $textMessage, $stickerMessage);
```

デプロイ後、レコードを削除し一度勝負がつくまで遊んでみましょう。

これでゲームが遊べるようになりました。
ゲームが終わったユーザー情報はデータベースから削除され、呼びかけると再度新しいゲームを遊べるようになっています（図5.18）。

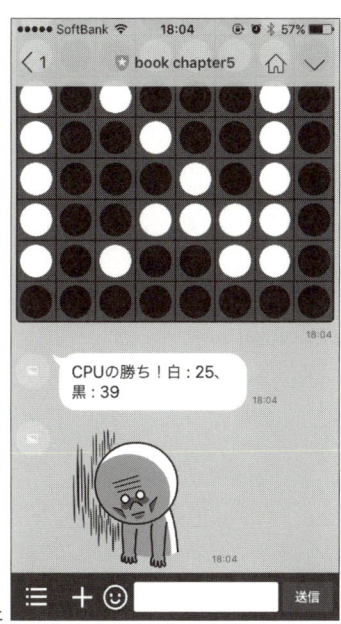

図5.18 ゲームが遊べた

5.5 リッチコンテンツを設定しよう

> 本節ではLINEのトーク画面下部に置くことができるリッチコンテンツの設定を解説します。リッチコンテンツを設定することで、ボタンをタップするだけであらかじめそのボタンにひも付けられたテキストを送信したりURLを開いたりできるようになり、ユーザーに優しいUIとなります。

5.5.1 リッチコンテンツ

次に、LINE BOTが持つ強力な機能であるリッチコンテンツを設定しましょう。リッチコンテンツとはトーク画面下部に表示できるUIのことで、それぞれアクションを自由に設定できるため、ユーザーにとって非常に利便性の高い機能になっています。

まず、LINE@ Managerの該当するアプリケーションのトップを開き（図5.19）、［リッチコンテンツ作成］→［リッチメニュー］→［新規作成］とクリックします。

図5.19 リッチコンテンツの作成

リッチメニュー作成画面が開きます。各項目は、図5.20のように設定してください。

- ⊘ [表示設定]：「反映する」にチェック
- ⊘ [表示期間]：「2017-01-01 00:00 ～ 2020-01-01 00:00」と入力
- ⊘ [タイトル]：「オプション」と入力
- ⊘ [トークルームメニュー]：右側のチェックボックスをONにして、「オプション」と入力
- ⊘ [メニュー初期表示]：「表示しない」にチェック
- ⊘ [テンプレート選択]：「テキスト＋アイコンで作成」にチェックし、「テキスト＋アイコンタイプ2」にチェック

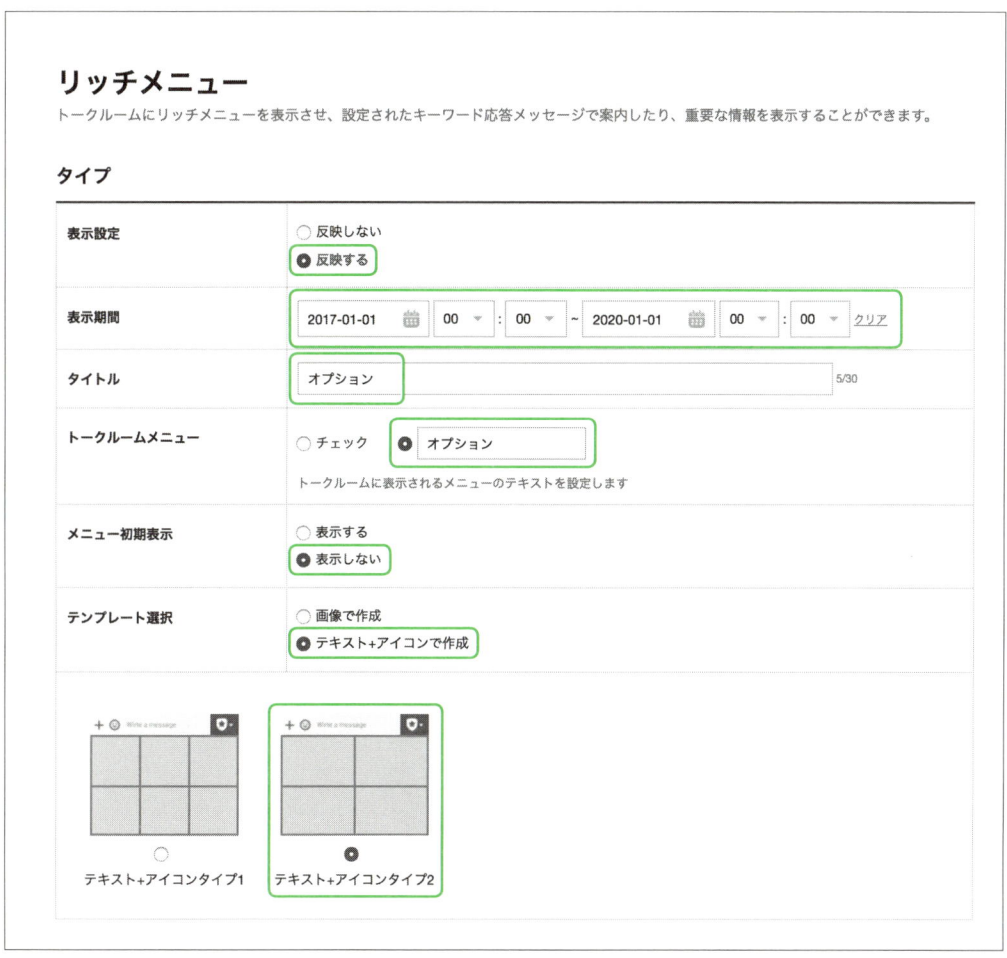

図5.20 リッチコンテンツの設定

4つのボタンとアクションを指定する必要がありますので、以下のように設定しましょう。

左上

- ⊘ [Icon]：NEWのアイコンを選択
- ⊘ [Label]：「ニューゲーム」と入力
- ⊘ [リンク]：「テキスト」にチェックし、「cmd_newgame」と入力

図 5.21 リッチコンテンツの設定（左上）

右上

- ⊘ [Icon]：！のアイコンを選択
- ⊘ [Label]：「盤面再送」と入力
- ⊘ [リンク]：「テキスト」にチェックし、「cmd_check_board」と入力

図 5.22 リッチコンテンツの設定（右上）

左下

⊘ [Icon]：旗のアイコンを選択

⊘ [Label]：「情勢確認」と入力

⊘ [リンク]：「テキスト」にチェックし、「cmd_check_count」と入力

図 5.23 リッチコンテンツの設定（左下）

右下

⊘ [Icon]：？のアイコンを選択

⊘ [Label]：「遊び方」と入力

⊘ [リンク]：「テキスト」にチェックし、「cmd_help」と入力

図 5.24 リッチコンテンツの設定（右下）

通常のテキストメッセージと処理を分けるため、接頭語として「cmd_」を付けるようにしました。タップするとこのテキストがユーザーからBOTへ送られます。

　これで保存し、LINEアプリを開いてみましょう（図5.25）。設定したリッチメニューは反映されましたが、メニューが二重に表示されています。

　再びLINE@ Managerに戻り、アカウント設定野中の、「アカウントページメニューの非表示」にチェックを入れ保存し、再度LINEアプリのトークを開きます。

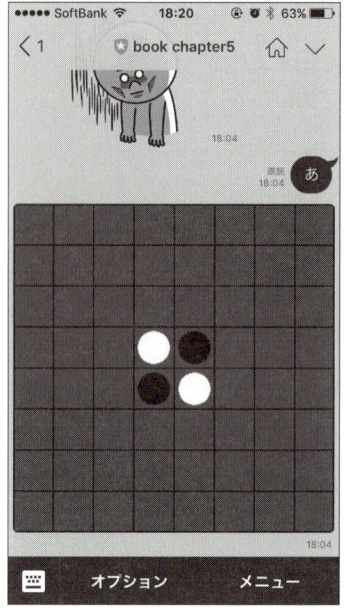

図5.25 メニューが二重に表示されている

　すると、デフォルトのメニューが消えました。「オプション」と書かれている箇所をタップすると、先ほど設定したUIが表示されます（図5.26）。

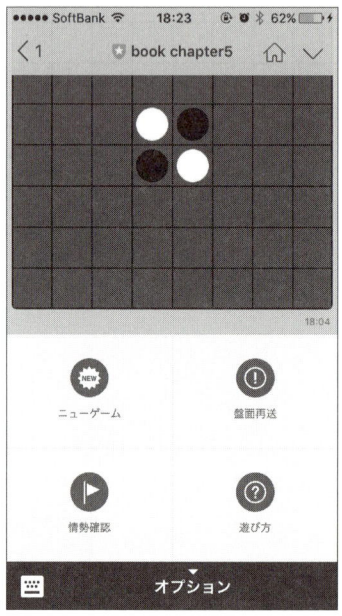

図5.26 メニュー表示

では、それぞれ送られたテキストをもとに処理をしましょう。
以下を追記します。

```php
if (!($event instanceof \LINE\LINEBot\Event\MessageEvent\TextMessage)) {
  error_log('Non text message has come');
  continue;
}


// リッチコンテンツがタップされた時
if(substr($event->getText(), 0, 4) == 'cmd_') {
  // 盤面の確認
  if(substr($event->getText(), 4) == 'check_board') {
    if(getStonesByUserId($event->getUserId()) != PDO::PARAM_NULL) {
      $stones = getStonesByUserId($event->getUserId());
      replyImagemap($bot, $event->getReplyToken(), '盤面',  $stones);
    }
  // 情勢の確認
  } else if(substr($event->getText(), 4) == 'check_count') {
    if(getStonesByUserId($event->getUserId()) != PDO::PARAM_NULL) {
      $stones = getStonesByUserId($event->getUserId());
      $white = 0;
      $black = 0;
      for($i = 0; $i < count($stones); $i++) {
        for($j = 0; $j < count($stones[$i]); $j++) {
          if($stones[$i][$j] == 1) {
            $white++;
          } else if($stones[$i][$j] == 2) {
            $black++;
          }
        }
      }
      replyTextMessage($bot, $event->getReplyToken(), sprintf(
                      ↳'白：%d、黒：%d', $white, $black));
    }
  // ゲームを中断し新ゲームを開始
  } else if(substr($event->getText(), 4) == 'newgame') {
    deleteUser($event->getUserId());
    $stones =
    [
    [0, 0, 0, 0, 0, 0, 0, 0],
    [0, 0, 0, 0, 0, 0, 0, 0],
    [0, 0, 0, 0, 0, 0, 0, 0],
    [0, 0, 0, 1, 2, 0, 0, 0],
    [0, 0, 0, 2, 1, 0, 0, 0],
    [0, 0, 0, 0, 0, 0, 0, 0],
```

```
    [0, 0, 0, 0, 0, 0, 0, 0],
    [0, 0, 0, 0, 0, 0, 0, 0],
    ];
    registerUser($event->getUserId(), json_encode($stones));
    replyImagemap($bot, $event->getReplyToken(), '盤面',  $stones);
  // 遊び方
  } else if(substr($event->getText(), 4) == 'help') {
    replyTextMessage($bot, $event->getReplyToken(),
                           ↵ 'あなたは常に白番です。送られた盤面上の
                        ↵置きたい場所をタップしてね！
                        ↵バグった時はオプションの盤面再送から！');
  }
  continue;
}
if(getStonesByUserId($event->getUserId()) === PDO::PARAM_NULL) {
```

コマンド関連のメッセージをフィルタし、
それぞれ処理を行います。

　ニューゲームは負けが確定したユーザーが
消化試合に飽きて離脱するのを防ぎ、盤面再
送はネットワークの障害などで進行不能に
なってしまった時のために用意しています。
どんなBOTでもバグで進行不可にならない
とも限らないので、最初からスタートさせる
ようなオプションは必ず用意しましょう。

　情勢確認、遊び方は名前の通りです。それ
ぞれのボタンが問題なく動くか確認しておい
てください（図5.27）。

図5.27 リッチコンテンツを利用

5.5.2 友だち追加時あいさつ

リッチコンテンツのついでに、ユーザーがBOTを友だちに追加した時のメッセージで遊び方を表示するように設定しましょう。

LINE@ Managerの［メッセージ］→［友だち追加時あいさつ］をクリックし、友だち追加された時に表示したいメッセージを設定しましょう（図5.28）。

図 5.28 友だち追加時あいさつの設定

もう BOT と友だちになってしまっているので、端末で一度ブロックしてから解除します。メッセージを確認できます（図5.29）。

　ユーザーが何をしていいか迷わないよう、最初に使い方を教えてあげることで離脱を防ぐことができます。

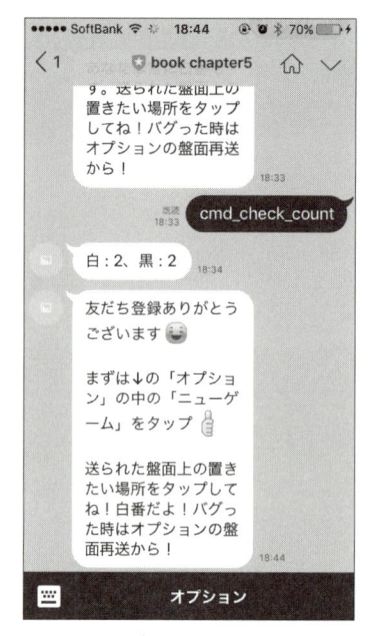

図5.29　友だち追加時あいさつ

5.6 処理を軽くしよう

> 本節では、時間がかかるGDライブラリの処理をなるべく減らし、ユーザーが早めに画像を
> 表示できるような処理を追加します。
> 処理ごとに待たされるとユーザーはイライラして離脱につながりますので、レスポンス時間の
> 改善にはしっかり取り組みましょう。

これでリバーシBOTは機能的には完成ですが、よりユーザーに優しくしましょう。

これまでに何度かレコードを削除し遊びながらデバッグしてきたのですが、回線によっては
処理にものすごく時間がかかることがあったと思います。

最近のユーザーは2秒以上待たされるとイライラがたまっていき離脱につながるので、画像
の描画にかかる負荷を減らし、高速化しましょう。

処理としては、生成した画像をつどサーバー上に保存しておき、次ターン移行は前回保存さ
れた画像の上に必要なものだけ描画していくような流れとなります。

ではboardImageGenerator.phpを以下のように書き換えます。

```php
<?php

// Composerでインストールしたライブラリを一括読み込み
require_once __DIR__ . '/vendor/autoload.php';
// 合成のベースとなるサイズを定義
define('GD_BASE_SIZE', 700);


// 合成のベースになる画像を生成
$destinationImage = imagecreatefrompng('imgs/reversi_board.png');


// パラメータから現在の石の配置を取得
$stones = json_decode(explode('|', $_REQUEST['stones'])[0]);
// パラメータから前ターンの石の配置を取得
$lastStones = json_decode(explode('|', $_REQUEST['stones'])[1]);


// 現在置かれている石の総数を取得
$stoneCount = 0;
foreach($stones as $array) {
  foreach($array as $stone) {
    if($stone > 0) {
```

```php
        $stoneCount++;
      }
    }
}

// 前のターンに置かれていた石の総数を取得
$lastStoneCount = 0;
foreach($lastStones as $array) {
  foreach($array as $stone) {
    if($stone > 0) {
      $lastStoneCount++;
    }
  }
}

// 前ターンの合成済み画像が保存されていれば
if(file_exists('./tmp/' . $lastStoneCount . '/' . json_encode($lastStones)
                  ↵ . '.png')) {
  // 保存された画像を合成のベースに変更
  $destinationImage = imagecreatefrompng('./tmp/' . $lastStoneCount . '/' .
                      ↵ json_encode($lastStones) . '.png');

  // 各列をループ
  for($i = 0; $i < count($stones); $i++) {
    $row = $stones[$i];
    // 各要素をループ
    for($j = 0; $j < count($row); $j++) {
      // 前ターンと置かれている石が異なる時のみ現在の石を生成
      if($stones[$i][$j] != $lastStones[$i][$j]) {
        if($row[$j] == 1) {
          $stoneImage = imagecreatefrompng('imgs/reversi_stone_white.png');
        } elseif($row[$j] == 2) {
          $stoneImage = imagecreatefrompng('imgs/reversi_stone_black.png');
        }
        // 合成
        if($row[$j] > 0) {
          imagecopy($destinationImage, $stoneImage, 9 + (int)($j * 87.5), 9
                      ↵ + (int)($i * 87.5), 0, 0, 70, 70);
          // 破棄
          imagedestroy($stoneImage);
        }
      }
    }
  }
```

```php
}
// 前ターンの画像が存在しない時
else {
  for($i = 0; $i < count($stones); $i++) {
    $row = $stones[$i];
    for($j = 0; $j < count($row); $j++) {
      // 石が置かれている場合はすべて生成し合成
      if($row[$j] == 1) {
        $stoneImage = imagecreatefrompng('imgs/reversi_stone_white.png');
      } elseif($row[$j] == 2) {
        $stoneImage = imagecreatefrompng('imgs/reversi_stone_black.png');
      }
      if($row[$j] > 0) {
          imagecopy($destinationImage, $stoneImage, 9 + (int)($j * 87.5), 9
                          ⤷ + (int)($i * 87.5), 0, 0, 70, 70);
          imagedestroy($stoneImage);
      }
    }
  }
}


// 前ターンの石の配置が渡されている場合
if($lastStones != null) {
  // 画像の保存先フォルダを定義。レスポンス改良のためフォルダに分配
  $directory_path = './tmp/' . $stoneCount;
  // フォルダが存在しない時
  if(!file_exists($directory_path)) {
    // フォルダを作成
    if(mkdir($directory_path, 0777, true)) {
      // 権限を変更
      chmod($directory_path, 0777);
    }
  }
  // 現在の画像をフォルダに保存
  imagepng($destinationImage, $directory_path. '/' . json_encode($stones) .
                          ⤷ '.png', 9);
}


// リクエストされているサイズを取得
$size = $_REQUEST['size'];
// ベースサイズと同じなら何もしない
if($size == GD_BASE_SIZE) {
  $out = $destinationImage;
}
```

```php
// 違うサイズの場合
else {
  // リクエストされたサイズの空の画像を生成
  $out = imagecreatetruecolor($size ,$size);
  // リサイズしながら合成
  imagecopyresampled($out, $destinationImage, 0, 0, 0, 0, $size, $size,
                      ⌐ GD_BASE_SIZE, GD_BASE_SIZE);
}

// 出力のバッファリングを有効に
ob_start();
// バッファに出力
imagepng($out, null, 9);
// バッファをエンコードし画像を取得
$content = ob_get_contents();
// バッファを消去し出力のバッファリングをオフ
ob_end_clean();

// 出力のタイプを指定
header('Content-type: image/png');
// 画像を出力
echo $content;

?>
```

　描画のための石の配置を受け取り、そのつど一から描画していましたが、無駄が多いので変更します。

　まず第1の変更は描画時にはサーバー上にファイルとして保存するように、第2に前回保存された石の配置の配列も受け取り、保存されていればそこから変化があった石のみを描画するようにしましょう。

　index.php も変更しましょう。

```php
if(substr($event->getText(), 0, 4) == 'cmd_') {
  if(substr($event->getText(), 4) == 'check_board') {
    if(count(getStonesByUserId($event->getUserId())) != null) {
      $stones = getStonesByUserId($event->getUserId());
      replyImagemap($bot, $event->getReplyToken(), '盤面',
        $stones,null);
    }
    .
    .
```

```
                .
    } else if(substr($event->getText(), 4) == 'newgame') {
        deleteUser($event->getUserId());
        $stones =
        [
        [0, 0, 0, 0, 0, 0, 0, 0],
        [0, 0, 0, 0, 0, 0, 0, 0],
        [0, 0, 0, 0, 0, 0, 0, 0],
        [0, 0, 0, 1, 2, 0, 0, 0],
        [0, 0, 0, 2, 1, 0, 0, 0],
        [0, 0, 0, 0, 0, 0, 0, 0],
        [0, 0, 0, 0, 0, 0, 0, 0],
        [0, 0, 0, 0, 0, 0, 0, 0],
        ];
        registerUser($event->getUserId(), json_encode($stones));
        replyImagemap($bot, $event->getReplyToken(), '盤面',
            $stones, null);
    }
                .
                .
                .
    if(getStonesByUserId($event->getUserId()) === PDO::PARAM_NULL) {
        $stones =
        [
        [0, 0, 0, 0, 0, 0, 0, 0],
        [0, 0, 0, 0, 0, 0, 0, 0],
        [0, 0, 0, 0, 0, 0, 0, 0],
        [0, 0, 0, 1, 2, 0, 0, 0],
        [0, 0, 0, 2, 1, 0, 0, 0],
        [0, 0, 0, 0, 0, 0, 0, 0],
        [0, 0, 0, 0, 0, 0, 0, 0],
        [0, 0, 0, 0, 0, 0, 0, 0],
        ];
        registerUser($event->getUserId(), json_encode($stones));
        replyImagemap($bot, $event->getReplyToken(), '盤面',
            $stones, null);
        continue;
    } else {
        $stones = getStonesByUserId($event->getUserId());
        $lastStones = $stones;
    }
                .
                .
                .
```

```
    if(!getCanPlaceByColor($stones, true) && !getCanPlaceByColor($stones,
                           ↵ false)) {
        .
        .
        .
    } else {
        placeAIStone();
        updateUser($bot, json_encode($stones));
    }
  }
}
replyImagemap($bot, $event->getReplyToken(), '盤面',
    $stones, $lastStones);
}
    .
    .
    .
function replyImagemap($bot, $replyToken, $alternativeText,
    $stones, $lastStones) {
    .
    .
    .
  $imagemapMessageBuilder =
    new \LINE\LINEBot\MessageBuilder\ImagemapMessageBuilder (
    'https://' . $_SERVER['HTTP_HOST'] . '/images/' .
    urlencode(json_encode($stones) . '|' .json_encode($lastStones)) .
    '/' . uniqid(),
    $alternativeText,
    new LINE\LINEBot\MessageBuilder\Imagemap\BaseSizeBuilder(1040, 1040),
    $actionArray
  );
```

前回の配列が存在する時は一緒に渡すよう変更しました。存在しない場合はnullを渡します。これで不必要な描画は行われなくなり、高速化ができました。

無駄にユーザーを待たせることがないよう、レスポンスの速度には常に注意しましょう。

Chapter 6

ビンゴBOTを作ろう

Chapter 6では、ビンゴを例として、複数のユーザーをハンドルするBOTを作りましょう。パーティーでのビンゴの司会のように、参加するユーザーそれぞれに別のシートを配布し、番号を1つずつ引いて発表、ビンゴ成立者が出たらすべてのユーザーに通知を行います。

6.1 複数のユーザーをつなぐBOT

本節では、多人数のルームのホストのような役割を行うLINE BOTの実装方法を解説します。具体的にはリッチコンテンツの設定、疑似的なルームの作成、画像の合成、その他の処理の順に進めていきます。

6.1.1 ひな型のコピーとデータベースの準備

Chapter 3を参考にLINE Business ConnectとHerokuでプロジェクトを作成し、ローカルに同期されたフォルダに3.5「ひな型のコードを書こう」で作成したひな型をまるごとコピーします。

続いてChapter 5の5.1.2「GDライブラリのダウンロード」を参考にGDライブラリのダウンロードを行い、5.2.1「盤面のデータベースへの保存」を参考にPostgresのインストールを行ってください。さらに5.2.2「レコードの追加」を参考に、index.phpの文末に`dbConnection`クラスを記述するところまで終わらせます。`create extension`を忘れがちなので忘れずに行ってください。

なお、テーブルは以下のコマンドで作成します。

```
create table sheets(userid bytea, sheet text, roomid text);
```

ここまで終わると図6.1のような結果画面になります。

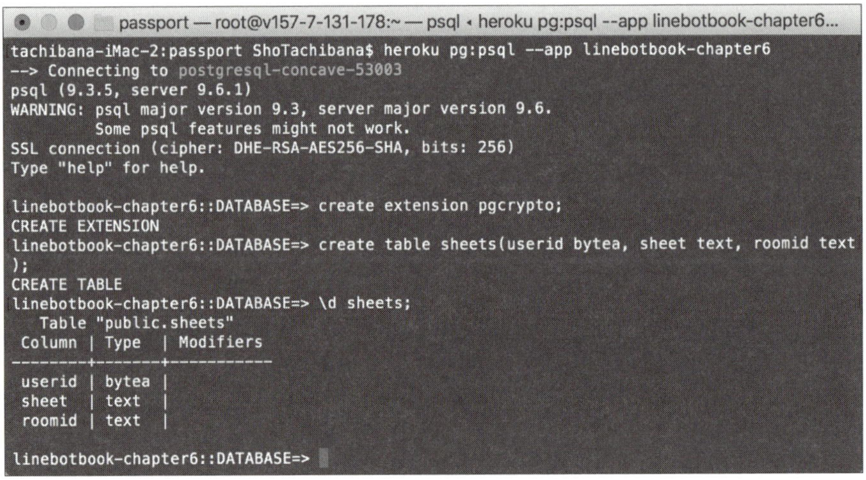

```
passport — root@v157-7-131-178:~ — psql ◂ heroku pg:psql --app linebotbook-chapter6...
tachibana-iMac-2:passport ShoTachibana$ heroku pg:psql --app linebotbook-chapter6
---> Connecting to postgresql-concave-53003
psql (9.3.5, server 9.6.1)
WARNING: psql major version 9.3, server major version 9.6.
         Some psql features might not work.
SSL connection (cipher: DHE-RSA-AES256-SHA, bits: 256)
Type "help" for help.

linebotbook-chapter6::DATABASE=> create extension pgcrypto;
CREATE EXTENSION
linebotbook-chapter6::DATABASE=> create table sheets(userid bytea, sheet text, roomid text
);
CREATE TABLE
linebotbook-chapter6::DATABASE=> \d sheets;
   Table "public.sheets"
 Column | Type  | Modifiers
--------+-------+-----------
 userid | bytea |
 sheet  | text  |
 roomid | text  |

linebotbook-chapter6::DATABASE=>
```

図6.1 レコードの作成結果

また、`require`文の下に以下を追記しておきます。

```
require_once __DIR__ . '/vendor/autoload.php';
// テーブル名を定義
define('TABLE_NAME_SHEETS', 'sheets');
```

6.1.2 リッチコンテンツ

　リバーシBOTではレコードはユーザー名と石の配置だけでしたが、今回はユーザーをセッション（ビンゴ1セット）にひも付けて管理する必要があるため、ルームIDカラムも用意しました。

　入室処理をスムーズに行うため、今回は先にリッチコンテンツを設定しましょう。

　LINE@ Managerを開き、［リッチコンテンツ作成］→［リッチメニュー］にある［新規作成］ボタンをクリックします。

　すると、リッチメニュー作成画面が開きます。各項目は、以下のように設定してください。

- ⊘ ［表示設定］:「反映する」にチェック
- ⊘ ［表示期間］:「2017-01-01 00:00 ～ 2020-01-01 00:00」と入力
- ⊘ ［タイトル］:「オプション」と入力
- ⊘ ［トークルームメニュー］: 右側のチェックボックスをONにして、「オプション」と入力
- ⊘ ［メニュー初期表示］:「表示しない」にチェック
- ⊘ ［テンプレート選択］:「テキスト＋アイコンで作成」にチェックし、「テキスト＋アイコンタイプ1」にチェック

次に、［コンテンツ設定］で6つのボタンとアクションを指定する必要がありますので以下のように設定しましょう。

左上

- ⊙ ［Icon］：家のアイコンを選択
- ⊙ ［Label］：「ルーム作成」と入力
- ⊙ ［リンク］：「テキスト」にチェックし、「cmd_newroom」と入力

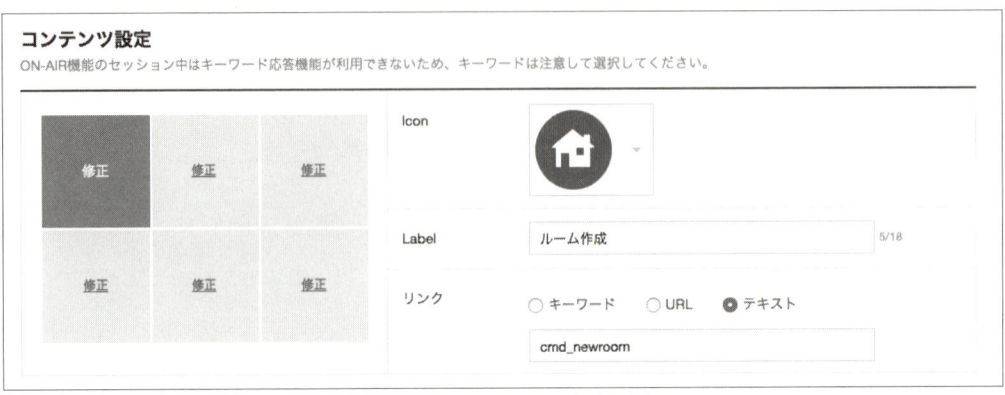

図6.2 リッチコンテンツの設定（左上）

中央上

- ⊙ ［Icon］：肩を組んでいるアイコンを選択
- ⊙ ［Label］：「入室」と入力
- ⊙ ［リンク］：「テキスト」にチェックし、「cmd_enter」と入力

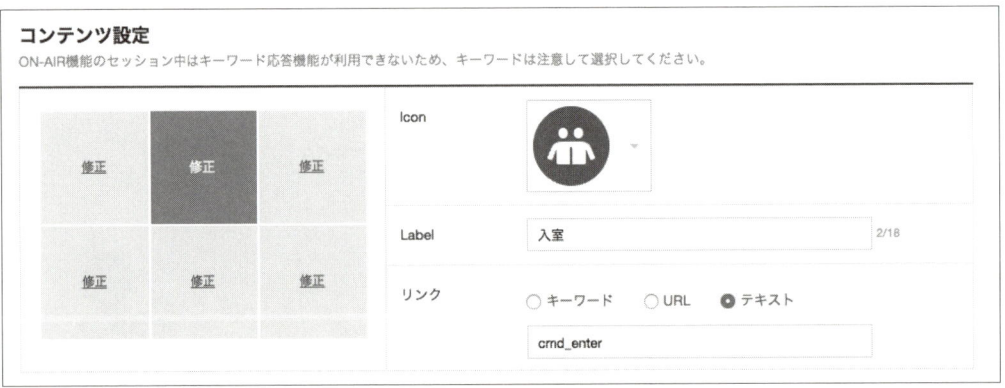

図6.3 リッチコンテンツの設定（中央上）

右上

- ⊘ [Icon]：矢印のアイコンを選択
- ⊘ [Label]：「退室」と入力
- ⊘ [リンク]：「テキスト」にチェックし、「cmd_leave_confirm」と入力

図6.4 リッチコンテンツの設定（右上）

左下

- ⊘ [Icon]：NEWのアイコンを選択
- ⊘ [Label]：「ビンゴ開始」と入力
- ⊘ [リンク]：「テキスト」にチェックし、「cmd_start」と入力

図6.5 リッチコンテンツの設定（左下）

中央下

- ⊘ [Icon]：旗のアイコンを選択
- ⊘ [Label]：「ビンゴ進行」と入力
- ⊘ [リンク]：「テキスト」にチェックし、「cmd_proceed」と入力

図6.6 リッチコンテンツの設定（中央下）

右下

- ⊘ [Icon]：キラキラのアイコンを選択
- ⊘ [Label]：「ビンゴ終了」と入力
- ⊘ [リンク]：「テキスト」にチェックし、「cmd_end_confirm」と入力

図6.7 リッチコンテンツの設定（右下）

　さらに左側のメニューから［アカウント設定］をクリックし、［アカウントページメニュー］の「非表示」にチェックを入れて保存しておきます。

ルーム作成／入室／退室処理の実装

● ルーム作成

それではいつものようにindex.phpに追記していきます。

```php
$bot->replyText($event->getReplyToken(), $event->getText());
// リッチコンテンツがタップされた時
if(substr($event->getText(), 0, 4) == 'cmd_') {
  // ルーム作成
  if(substr($event->getText(), 4) == 'newroom') {
    // ユーザーが未入室の時
    if(getRoomIdOfUser($event->getUserId()) === PDO::PARAM_NULL) {
      // ルームを作成し入室後ルームIDを取得
      $roomId = createRoomAndGetRoomId($event->getUserId());
      // ルームIDをユーザーに返信
      replyMultiMessage($bot,
        $event->getReplyToken(),
        new \LINE\LINEBot\MessageBuilder\TextMessageBuilder('ルームを
                        作成し、入室しました。ルームIDは'),
        new \LINE\LINEBot\MessageBuilder\TextMessageBuilder($roomId),
        new \LINE\LINEBot\MessageBuilder\TextMessageBuilder('です。'));
    // すでに入室している時
    } else {
      replyTextMessage($bot, $event->getReplyToken(),
                   'すでに入室済みです。');
    }
  }
  continue;
}
// ユーザーIDからルームIDを取得
function getRoomIdOfUser($userId) {
  $dbh = dbConnection::getConnection();
  $sql = 'select roomid from ' . TABLE_NAME_SHEETS .
    ' where ? = pgp_sym_decrypt(userid, \'' . getenv('DB_ENCRYPT_PASS') .
    '\')';
  $sth = $dbh->prepare($sql);
  $sth->execute(array($userId));
  if (!($row = $sth->fetch())) {
    return PDO::PARAM_NULL;
  } else {
    return $row['roomid'];
  }
}
```

```
}

// ルームを作成し入室後ルームIDを返す
function createRoomAndGetRoomId($userId) {
  $roomId = uniqid();
  $dbh = dbConnection::getConnection();
  $sql = 'insert into '. TABLE_NAME_SHEETS .' (userid, sheet, roomid)
                          ⤷ values (pgp_sym_encrypt(?, \'' .
                          ⤷ getenv('DB_ENCRYPT_PASS') . '\'), ?, ?) ';
  $sth = $dbh->prepare($sql);
  $sth->execute(array($userId, PDO::PARAM_NULL, $roomId));
  return $roomId;
}
```

　ユーザーが登録されているかを調べ、登録がなければルームIDを設定した上でデータベースに登録します。ルームIDをコピーしやすいよう、メッセージを分割して送信します。

　デプロイしてLINEアプリ上で［ルーム作成］をタップし、テーブルにレコードが追加されること、繰り返しても重複して登録されないことを確認しておきます（図6.8）。

```
● ● ● ● ▢  passport — root@v157-7-131-178:~ — psql ‹ heroku pg:psql --app linebotbook-chapter5...
tachibana-iMac-2:passport ShoTachibana$ heroku pg:psql --app linebotbook-chapter5
--> Connecting to postgresql-tetrahedral-78153
psql (9.3.5, server 9.6.1)
WARNING: psql major version 9.3, server major version 9.6.
        Some psql features might not work.
SSL connection (cipher: DHE-RSA-AES256-SHA, bits: 256)
Type "help" for help.

linebotbook-chapter5::DATABASE=> select * from sheets;
        userid
                        | sheet |      roomid
-------------------------------------------------------------------------------------
-------------------------------------------------------------------------------------
------------------------+-------+---------------
 \xc30d04070302f933e5fa70b9471a67d25201b1f46ffd308e0ea0ca25aa525bef635734a8da8dbd9adb67749
7442cd0a8e695ce33d7811724eb26e609f8dab39ce3f61a7475db79489d4f4ead05d787a169ec85bd05c2db2af
a95063ef2005cca1b4622 | 0     | 58ad1aea058b4
(1 row)

linebotbook-chapter5::DATABASE=>
```

図6.8　ルーム作成の機能の確認

◆ 入室

では次に、すでに立てられている部屋に他のユーザーが入室できるよう実装しましょう。

ここからはスマホが2台以上ないと進行が不可能なので、家族や友人のスマホを借りるなどして対応してください。

```php
if(substr($event->getText(), 0, 4) == 'cmd_') {
    if(substr($event->getText(), 4) == 'newroom') {
        .
        .
        .
    }
    // 入室
    else if(substr($event->getText(), 4) == 'enter') {
        // ユーザーが未入室の時
        if(getRoomIdOfUser($event->getUserId()) === PDO::PARAM_NULL) {
            replyTextMessage($bot, $event->getReplyToken(), 'ルームIDを
                            入力してください。');
        } else {
            replyTextMessage($bot, $event->getReplyToken(), '入室済みです。');
        }
    }
    continue;
}
// リッチコンテンツ以外の時（ルームIDが入力された時）
if(getRoomIdOfUser($event->getUserId()) === PDO::PARAM_NULL) {
    // 入室
    $roomId = enterRoomAndGetRoomId($event->getUserId(), $event->getText());
    // 成功時
    if($roomId !== PDO::PARAM_NULL) {
        replyTextMessage($bot, $event->getReplyToken(), "ルームID" .
                        $roomId . "に入室しました。");
    // 失敗時
    } else {
        replyTextMessage($bot, $event->getReplyToken(), "そのルームIDは
                        存在しません。");
    }
}
}
    .
    .
    .
function createRoomAndGetRoomId($userId) {
    .
    .
```

```
    .
}
// 入室しルームIDを返す
function enterRoomAndGetRoomId($userId, $roomId) {
  $dbh = dbConnection::getConnection();
  $sql = 'insert into '. TABLE_NAME_SHEETS .' (userid, sheet, roomid)
                          ↳SELECT pgp_sym_encrypt(?, \'' .
                          ↳ getenv('DB_ENCRYPT_PASS') . '\'), ?, ?
                          ↳ where exists(select roomid from ' .
                          ↳ TABLE_NAME_SHEETS . ' where roomid = ?)
                          ↳ returning roomid';
  $sth = $dbh->prepare($sql);
  $sth->execute(array($userId, PDO::PARAM_NULL, $roomId, $roomId));
  if (!($row = $sth->fetch())) {
    return PDO::PARAM_NULL;
  } else {
    return $row['roomid'];
  }
}
```

　1人目のユーザーが部屋を作成し、返ってきたルームIDを他のユーザーに伝えます。受け取ったユーザーはリッチメニューの［入室］をタップして、教えてもらったルームIDを入力します。

　ルームIDをチェックし、すでにその名前のルームが立っていれば入室します。

❯ 退室
次に退室の処理です。

```
    else if(substr($event->getText(), 4) == 'enter') {
    .
    .
    .
    }
    // 退室の確認ダイアログ
    else if(substr($event->getText(), 4) == 'leave_confirm') {
      replyConfirmTemplate($bot, $event->getReplyToken(),
                          ↳ '本当に退出しますか？', '本当に退出しますか？',
        new LINE\LINEBot\TemplateActionBuilder\
                          ↳MessageTemplateActionBuilder(
                          ↳'はい', 'cmd_leave'),
        new LINE\LINEBot\TemplateActionBuilder\
                          ↳PostbackTemplateActionBuilder(
                          ↳'いいえ', 'cancel'));
```

```php
    }
    // 退室
    else if(substr($event->getText(), 4) == 'leave') {
      if(getRoomIdOfUser($event->getUserId()) !== PDO::PARAM_NULL) {
        leaveRoom($event->getUserId());
        replyTextMessage($bot, $event->getReplyToken(), '退室しました。');
      } else {
        replyTextMessage($bot, $event->getReplyToken(),
                     ↳ 'ルームに入っていません。');
      }
    }
    continue;
  }
     .
     .
     .
function enterRoomAndGetRoomId($userId, $roomId) {
     .
     .
     .
}
// 退室
function leaveRoom($userId) {
  $dbh = dbConnection::getConnection();
  $sql = 'delete FROM ' . TABLE_NAME_SHEETS . ' where ? = pgp_sym_decrypt(
                     ↳ userid, \'' . getenv('DB_ENCRYPT_PASS') .
                     ↳ '\')';
  $sth = $dbh->prepare($sql);
  $sth->execute(array($userId));
}
```

　リッチメニューから［退室］をタップすると、本当に退室してもいいか確認するダイアログが表示されます。

　取り消せない処理なので、違ってメニューをタップする可能性も考慮して、一度確認ダイアログを挟みましょう。

これでビンゴ開始前の入室／退室の処理が実装できたので、ターミナルでテーブルの内容を見るなどしながら複数台でエラーがないかチェックしてから先に進みましょう（図6.9）。

図6.9 入室／退室の機能の確認

6.1.4 ビンゴシートの割り当て

　次はビンゴの開始処理です。［ビンゴ開始］のメニューが押されたら、参加しているユーザー全員にそれぞれ違うシートを割り当て、データベースに保存し、シートを送りましょう。

▶ シートの割り当て

　ユーザーにシートを割り当てる前に、ビンゴのシートを生成するルールを確認しておきましょう。

　シートは5マス×5マスからなり、それぞれ重複しない1〜75までの数字が書かれています。左列から1〜15までの中の5つ、次の列が16〜30というように続きます。

　中心のマスには番号はなく、最初からあいているものとみなします。

index.phpに以下を追記します。

```php
    else if(substr($event->getText(), 4) == 'leave') {
        .
        .
        .
    }
    // ルームでのビンゴをスタート
    else if(substr($event->getText(), 4) == 'start') {
        if(getRoomIdOfUser($event->getUserId()) === PDO::PARAM_NULL) {
            replyTextMessage($bot, $event->getReplyToken(), 'ルームに入って
                            いません。');
        } else if(getSheetOfUser($event->getUserId()) !== PDO::PARAM_NULL) {
            replyTextMessage($bot, $event->getReplyToken(), 'すでに配布されて
                            います。');
        } else {
            // シートを準備
            prepareSheets($bot, $event->getUserId());
        }
    }
    continue;
    }
function leaveRoom($userId) {
    .
    .
    .
}
// ユーザー ID からシートを取得
function getSheetOfUser($userId) {
```

```php
  $dbh = dbConnection::getConnection();
  $sql = 'select sheet from ' . TABLE_NAME_SHEETS . ' where ? =
                        pgp_sym_decrypt(userid, \'' . getenv(
                        'DB_ENCRYPT_PASS') . '\')';
  $sth = $dbh->prepare($sql);
  $sth->execute(array($userId));
  if (!($row = $sth->fetch())) {
    return PDO::PARAM_NULL;
  } else {
    return json_decode($row["sheet"]);
  }
}


// 各ユーザーにシートを割り当て
function prepareSheets($bot, $userId) {
  $dbh = dbConnection::getConnection();
  $sql = 'select pgp_sym_decrypt(userid, \'' . getenv('DB_ENCRYPT_PASS') .
                        '\') as userid from ' . TABLE_NAME_SHEETS .
                        ' where roomid = ?';
  $sth = $dbh->prepare($sql);
  $sth->execute(array(getRoomIdOfUser($userId)));
  foreach ($sth->fetchAll() as $row) {
    $sheetArray = array();
    for($i = 0; $i < 5; $i++) {
      // 各列範囲内でランダム
      $numArray = range(($i * 15) + 1, ($i * 15) + 1 + 14);
      // シャッフル
      shuffle($numArray);
      // 5番目までの要素を追加
      array_push($sheetArray, array_slice($numArray, 0, 5));
    }
    // 中央マスは0
    $sheetArray[2][2] = 0;
    // アップデート
    updateUserSheet($row['userid'], $sheetArray);
  }
}

// ユーザーのシートをアップデート
function updateUserSheet($userId, $sheet) {
  $dbh = dbConnection::getConnection();
```

```php
$sql = 'update ' . TABLE_NAME_SHEETS . ' set sheet = ? where ? =
                    ⤷ pgp_sym_decrypt(userid, \'' . getenv(
                    ⤷ 'DB_ENCRYPT_PASS') . '\')';
$sth = $dbh->prepare($sql);
$sth->execute(array(json_encode($sheet), $userId));
}
```

データベースからユーザーにシートが配布されているかをチェックし、まだの場合新たに生成してすべてのユーザーに割り当て、データベースを更新します。

$sheetは縦方向5マスを1列として、それらを5列の配列として格納しています。リバーシとはデータの構造が違いますので注意してください。

終わったらLINEアプリ上で実際に［ビンゴ開始］をタップし、テーブルが更新されるかを確認して次に進みましょう（図6.10）。

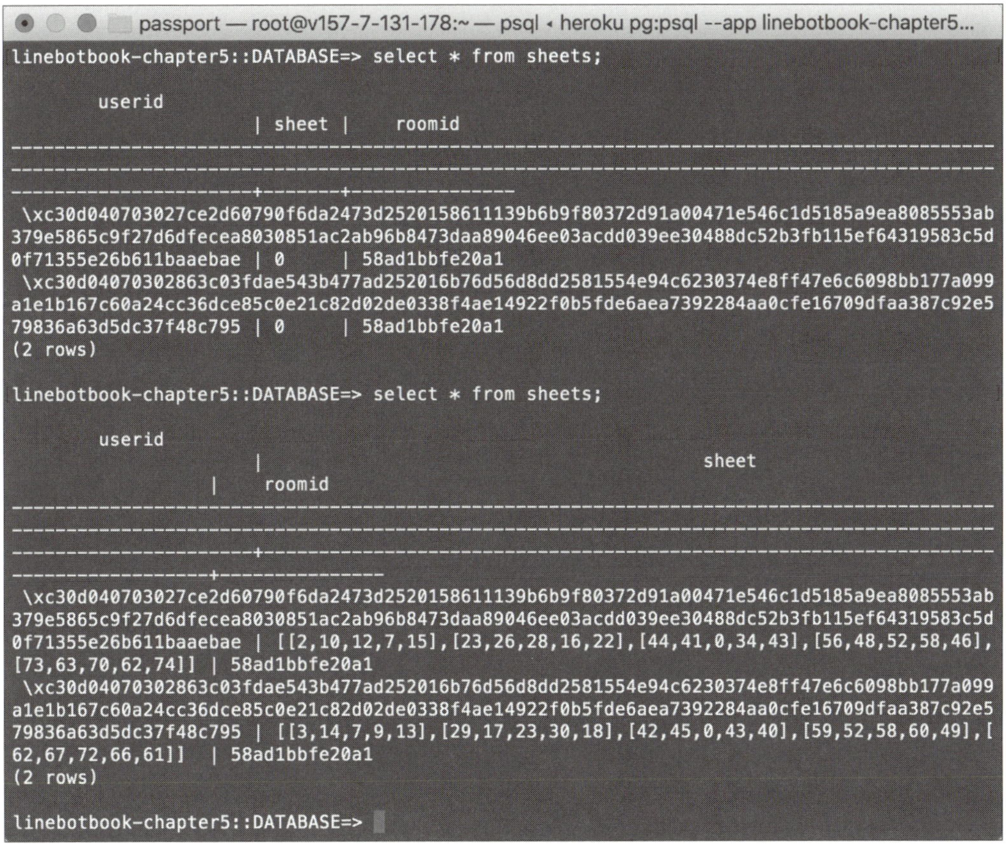

図6.10 シートを配布しテーブルを更新

● シート画像を生成するスクリプト

では次に、データベースに保存されたシートを表す配列から画像を生成するスクリプトを作成しましょう。

index.phpと同階層にimgsというフォルダを作成し、サンプルファイルのsheet_bg.png、hole.png、01.png〜75.pngをコピーします（図6.11）。

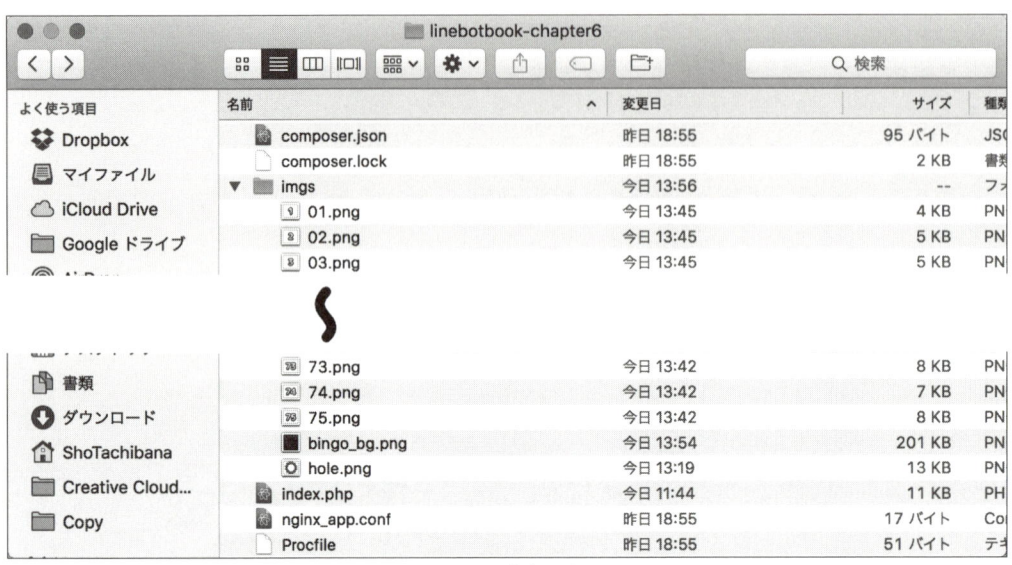

図6.11　画像をコピー

さらにsheetImageGenerator.phpというファイルを作成し、以下のように記述してください。

```php
<?php

// Composerでインストールしたライブラリを一括読み込み
require_once __DIR__ . '/vendor/autoload.php';
// 合成のベースとなるサイズを定義
define('GD_BASE_SIZE', 700);


// 空のシート画像を生成
$destinationImage = imagecreatefrompng('imgs/bingo_bg.png');

// シートの情報を受け取り配列に変換
$sheet = json_decode(urldecode($_REQUEST['sheet']));
// 引かれたボールの情報を受け取り配列に変換
$balls = json_decode(urldecode($_REQUEST['balls']));

// 数字とボールの配列を比較し穴を合成
for($i = 0; $i < count($sheet); $i++) {
```

```php
      $col = $sheet[$i];
      for($j = 0; $j < count($col); $j++) {
        if($col[$j] != 0) {
          $numImage = imagecreatefrompng('imgs/' . str_pad($col[$j], 2, 0,
                              ⤷ STR_PAD_LEFT) . '.png');
          imagecopy($destinationImage, $numImage, 15 + (int)($i * 134), 116 +
                              ⤷ (int)($j * 114), 0, 0, 134, 114);
          imagedestroy($numImage);
        }

        if(in_array($col[$j], $balls)) {
          $holeImage = imagecreatefrompng('imgs/hole.png');
          imagecopy($destinationImage, $holeImage, 15 + (int)($i * 134), 116 +
                              ⤷ (int)($j * 114), 0, 0, 134, 114);
          imagedestroy($holeImage);
        }
      }
    }

    // リクエストされているサイズを取得
    $size = $_REQUEST['size'];
    // ベースサイズと同じなら何もしない
    if($size == GD_BASE_SIZE) {
      $out = $destinationImage;
    // 違うサイズの場合
    } else {
      // リクエストされたサイズの空の画像を生成
      $out = imagecreatetruecolor($size ,$size);
      // リサイズしながら合成
      imagecopyresampled($out, $destinationImage, 0, 0, 0, 0, $size, $size,
                              ⤷ GD_BASE_SIZE, GD_BASE_SIZE);
    }

    // 出力のバッファリングを有効に
    ob_start();
    // バッファに出力
    imagepng($out, null, 9);
    // バッファから画像を取得
    $content = ob_get_contents();
    // バッファを消去し出力のバッファリングをオフ
    ob_end_clean();

    // 出力のタイプを指定
    header('Content-type: image/png');
```

```php
// 画像を出力
echo $content;

?>
```

処理としてはリバーシの時と同じなので説明は省略します。

次に、index.php に対して、シートの割り当て時にすべてのプレイヤーにシートの画像を配る処理を追加します。

```php
function prepareSheets($bot, $userId) {
    .
    .
    .

    // すべてのユーザーにシートの Imagemap を送信
    pushSheetToUser($bot, $userId, 'ビンゴ開始！');
}
function updateUserSheet($userId, $sheet) {
    .
    .
    .

}
// すべてのユーザーにシートの Imagemap を送信
function pushSheetToUser($bot, $userId, $text) {
  $dbh = dbConnection::getConnection();
  $sql = 'select pgp_sym_decrypt(userid, \'' . getenv('DB_ENCRYPT_PASS') .
                     ↳ '\') as userid, sheet from ' .
                     ↳ TABLE_NAME_SHEETS . ' where roomid = ?';
  $sth = $dbh->prepare($sql);
  $sth->execute(array(getRoomIdOfUser($userId)));

  $actionsArray = array();
  array_push($actionsArray, new LINE\LINEBot\ImagemapActionBuilder\
                     ↳ImagemapMessageActionBuilder( '-',
                     ↳ new LINE\LINEBot\ImagemapActionBuilder\
                     ↳AreaBuilder(0, 0, 1, 1)));

  // ユーザー一人ずつ処理
  foreach ($sth->fetchAll() as $row) {
    $imagemapMessageBuilder = new \LINE\LINEBot\MessageBuilder\
                     ↳ImagemapMessageBuilder ( 'https://' .
                     ↳ $_SERVER['HTTP_HOST'] .  '/sheet/' .
                     ↳ urlencode($row['sheet']) . '/' .
                     ↳ urlencode(json_encode([0])) . '/' .
```

```
              uniqid(), 'シート',
              new LINE\LINEBot\MessageBuilder\Imagemap\
              BaseSizeBuilder(1040, 1040), $actionsArray);
  $builder = new \LINE\LINEBot\MessageBuilder\MultiMessageBuilder();
  $builder->add(new \LINE\LINEBot\MessageBuilder\TextMessageBuilder(
              $text));
  $builder->add($imagemapMessageBuilder);
  $bot->pushMessage($row['userid'], $builder);
  }
}
```

リバーシの時と似ていますが、Imagemapの画像URLに要素「0」のみを含む配列を一緒に渡しています。ここには後ほど実装する「カード配布時に穴を開ける処理」に使うための、部屋ごとにすでに引かれた番号が入ります。今はとりあえず0（中心）のみを入れておきましょう。

nginx_app.confを以下のように編集します。

```
rewrite /sheet/(.*)/(.*)/(.*)/(.*)$ /sheetImageGenerator.php?sheet=$1
              &balls=$2&size=$4 break;
```

```
index index.php;
```

Reply APIでは複数のユーザーに一括でメッセージを送ることはできないので、Push APIを利用しています。前述の通り、ユーザーIDをパラメータにすることで、同時に複数のユーザーにメッセージを送信することができました（図6.12）。また、このシートはタップできるようにする必要はないのですが、Image Messageを使うよりもImagemapMessageのほうが画面一杯に表示されて見やすいので、こちらを使っています。

デプロイしてターミナルでユーザーを削除してから、リッチメニューのルーム作成、ビンゴ開始と順にタップすると各ユーザーにそれぞれ異なるシートが配布されます。中心の数字はどのシートもプログラム上0なので、最初からあいているとみなし枠をかぶせています。

図6.12 シートが配布される

● ビンゴの進行を処理する

続いてビンゴの進行を実装しましょう。ターミナルからデータベースに接続し、以下のコマンドで新しいテーブルを作成します。

```
create table rooms(roomid text, balls text, userid bytea);
```

ゲームを開始したユーザーのみ進行が行えるよう、ユーザー ID もひも付けておきましょう。index.php を編集します。

```php
require_once __DIR__ . '/vendor/autoload.php';
// テーブル名を定義
define('TABLE_NAME_SHEETS', 'sheets');
define('TABLE_NAME_ROOMS', 'rooms');
    .
    .
    .
    else if(substr($event->getText(), 4) == 'start') {
    .
    .
    .
    }
    // ビンゴのボールを一個引く
    else if(substr($event->getText(), 4) == 'proceed') {
        if(getRoomIdOfUser($event->getUserId()) === PDO::PARAM_NULL) {
            replyTextMessage($bot, $event->getReplyToken(), 'ルームに入って
                        いません。');
        } else if(getSheetOfUser($event->getUserId()) === PDO::PARAM_NULL) {
            replyTextMessage($bot, $event->getReplyToken(), 'シートが配布されて
                        いません。まずビンゴ開始を押してください。');
        } else {
            // ユーザーがそのルームでビンゴを開始したユーザーでない場合
            if(getHostOfRoom(getRoomIdOfUser($event->getUserId())) !=
                        $event->getUserId()) {
                replyTextMessage($bot, $event->getReplyToken(), '進行ができるのは
                        ゲームを開始したユーザーのみです。');
            } else {
                // ボールを引く
                proceedBingo($bot, $event->getUserId());
            }
        }
    }
    continue;
    }
        .
```

```
        ·
        ·
function createRoomAndGetRoomId($userId) {
  $roomId = uniqid();
  $dbh = dbConnection::getConnection();
  $sql = 'insert into '. TABLE_NAME_SHEETS .' (userid, sheet, roomid)
                        ↳ values (pgp_sym_encrypt(?, \'' .
                        ↳ getenv('DB_ENCRYPT_PASS') . '\'), ?, ?) ';
  $sth = $dbh->prepare($sql);
  $sth->execute(array($userId, PDO::PARAM_NULL, $roomId));

  $sqlInsertRoom = 'insert into '. TABLE_NAME_ROOMS .' (roomid, balls,
                        ↳ userid) values (?, ?, pgp_sym_encrypt(?, \'' .
                        ↳ getenv('DB_ENCRYPT_PASS') . '\'))';
  $sthInsertRoom = $dbh->prepare($sqlInsertRoom);
  // 0は中心のマスを示す。最初からあいている
  $sthInsertRoom->execute(array($roomId, json_encode([0]), $userId));

  return $roomId;
}
      ·
      ·
      ·

function pushSheetToUser($bot, $userId, $text) {
  foreach ($result as $user) {
    $imagemapMessageBuilder = new \LINE\LINEBot\MessageBuilder\
                        ↳ImagemapMessageBuilder ( 'https://' .
                        ↳ $_SERVER['HTTP_HOST'] . '/sheet/' .
                        ↳ urlencode($user['sheet']) . '/' .
                        ↳ urlencode(json_encode([0]
                        ↳getBallsOfRoom(
                        ↳getRoomIdOfUser($userId)))) . '/' .
                        ↳ uniqid(), 'シート',
      ·
      ·
      ·
}

// ビンゴを開始したユーザーのユーザーIDを取得
function getHostOfRoom($roomId) {
  $dbh = dbConnection::getConnection();
  $sql = 'select pgp_sym_decrypt(userid, \'' . getenv('DB_ENCRYPT_PASS') .
                        ↳ '\') as userid from ' . TABLE_NAME_ROOMS . '
                        ↳ where roomid = ?';
```

```php
  $sth = $dbh->prepare($sql);
  $sth->execute(array($roomId));
  if (!($row = $sth->fetch())) {
    return PDO::PARAM_NULL;
  } else {
    return $row['userid'];
  }
}

// ボールを引く
function proceedBingo($bot, $userId) {
  $roomId = getRoomIdOfUser($userId);

  $dbh = dbConnection::getConnection();
  $sql = 'select balls from ' . TABLE_NAME_ROOMS . ' where roomid = ?';
  $sth = $dbh->prepare($sql);
  $sth->execute(array($roomId));
  if ($row = $sth->fetch()) {
    $ballArray = json_decode($row['balls']);
    // ボールがすべて引かれている時
    if(count($ballArray) == 75) {
      $bot->pushMessage($userId, new \LINE\LINEBot\MessageBuilder\
                        ┗TextMessageBuilder('もうボールはありません。')
                        ┗);
      return;
    }
    // 重複しないボールが出るまで引く
    $newBall = 0;
    do {
      $newBall = rand(1, 75);
    } while(in_array($newBall, $ballArray));
    array_push($ballArray, $newBall);

    // ルームのボール情報をアップデート
    $sqlUpdateBall = 'update ' . TABLE_NAME_ROOMS . ' set balls = ? where
                      ┗ roomid = ?';
    $sthUpdateBall = $dbh->prepare($sqlUpdateBall);
    $sthUpdateBall->execute(array(json_encode($ballArray), $roomId));

    // すべてのユーザーに送信
    pushSheetToUser($bot, $userId, $newBall);
  }
}
```

```
// ルームのボール情報を取得
function getBallsOfRoom($roomId) {
  $dbh = dbConnection::getConnection();
  $sql = 'select balls from ' . TABLE_NAME_ROOMS . ' where roomid = ?';
  $sth = $dbh->prepare($sql);
  $sth->execute(array($roomId));
  if (!($row = $sth->fetch())) {
    return PDO::PARAM_NULL;
  } else {
    return json_decode($row['balls']);
  }
}
```

ゲームの進行がめちゃくちゃになるのを防ぐため、ゲームを開始したユーザーのみがビンゴゲームを進められるようにしてあります。

デプロイして何度か［ビンゴの進行］をタップしてみましょう。ボールがテーブルに蓄積され、自分のシートの数字と合致していれば穴が空いたシートが配布されるようになりました（図6.13）。

図6.13 ビンゴの進行

ビンゴが発生したユーザーへの通知

進行ができるようになりましたので、ビンゴが発生したユーザーにはシートと共にスタンプを送信するようにしましょう。

以下のように変更してください。

```
function pushSheetToUser($bot, $userId, $text) {
    .
    .
    .
    $builder = new \LINE\LINEBot\MessageBuilder\MultiMessageBuilder();
    $builder->add(new \LINE\LINEBot\MessageBuilder\TextMessageBuilder(
                      ↳$text));
    $builder->add($imagemapMessageBuilder);
    // ビンゴが成立している場合
    if(getIsUserHasBingo($row["userid"])) {
        // スタンプとテキストを追加
        $builder->add(new \LINE\LINEBot\MessageBuilder\StickerMessageBuilder(
                          ↳1, 134));
        $builder->add(new \LINE\LINEBot\MessageBuilder\TextMessageBuilder(
                          ↳'ビンゴだよ！名乗り出て景品をもらってね！'));
    }
    $bot->pushMessage($user['userid'], $builder);
  }
}
    .
    .
    .
function getBallsOfRoom($roomId) {
    .
    .
    .
}
// ユーザーのシートがビンゴ成立しているかを調べる
function getIsUserHasBingo($userId) {
  $roomId = getRoomIdOfUser($userId);
  $balls = getBallsOfRoom($roomId);
  $sheet = getSheetOfUser($userId);

  // すでに引かれているボールに一致すれば-1を代入
  foreach($sheet as &$col) {
    foreach($col as &$num) {
      if(in_array($num, $balls)) {
        $num = -1;
      }
```

```
        }
    }

    for($i = 0; $i < 5; $i++) {
        // 縦か横の5マスの合計が-5ならビンゴ
        if(array_sum($sheet[$i]) == -5 ||
            $sheet[0][$i] + $sheet[1][$i] + $sheet[2][$i] + $sheet[3][$i] +
                              ↳ $sheet[4][$i] == -5) {
            return true;
        }
    }
    // 斜めの合計が-5ならビンゴ
    if($sheet[0][0] + $sheet[1][1] + $sheet[2][2] + $sheet[3][3] +
                              ↳ $sheet[4][4] == -5 ||
        $sheet[0][4] + $sheet[1][3] + $sheet[2][2] + $sheet[3][1] +
                              ↳ $sheet[4][0] == -5) {
        return true;
    }

    return false;
}
```

シート画像を配布する前にビンゴが成立し
ているかどうかを判定し、成立している場合
はスタンプとテキストを送ります（図6.14）。

図6.14 ビンゴ成立時に通知

◉ ビンゴの終了

　最後に、ビンゴが終了したルームを閉じ、ユーザーを退出させることができるようにしましょう。

```php
    else if(substr($event->getText(), 4) == 'proceed') {
    ・
    ・
    ・
    }
    // ビンゴを終了確認ダイアログ
    else if(substr($event->getText(), 4) == 'end_confirm') {
      if(getRoomIdOfUser($event->getUserId()) === PDO::PARAM_NULL) {
        replyTextMessage($bot, $event->getReplyToken(), 'ルームに
                        ↵入っていません。');
      } else {
        if(getHostOfRoom(getRoomIdOfUser($event->getUserId())) !=
                        ↵ $event->getUserId()) {
          replyTextMessage($bot, $event->getReplyToken(), '終了ができるのは
                        ↵ゲームを開始したユーザーのみです。');
        } else {
          replyConfirmTemplate($bot, $event->getReplyToken(),
            '本当に終了しますか？データはすべて失われます。',
            '本当に終了しますか？データはすべて失われます。',
            new LINE\LINEBot\TemplateActionBuilder\
                        ↵MessageTemplateActionBuilder('はい', 'cmd_end'),
            new LINE\LINEBot\TemplateActionBuilder\
                        ↵PostbackTemplateActionBuilder('いいえ',
                        ↵ 'cancel'));
        }
      }

    }
    // 終了
    else if(substr($event->getText(), 4) == 'end') {
      endBingo($bot, $event->getUserId());
    }
    continue;
  }
    ・
    ・
    ・

function getIsUserHasBingo($userId) {
    ・
    ・
```

```
      .
}

// ビンゴの終了
function endBingo($bot, $userId) {
  $roomId = getRoomIdOfUser($userId);

  $dbh = dbConnection::getConnection();
  $sql = 'select pgp_sym_decrypt(userid, \'' . getenv('DB_ENCRYPT_PASS') .
                     '\') as userid, sheet from ' .
                     TABLE_NAME_SHEETS . ' where roomid = ?';
  $sth = $dbh->prepare($sql);
  $sth->execute(array(getRoomIdOfUser($userId)));
  // 各ユーザーにメッセージを送信
  foreach ($sth->fetchAll() as $row) {
    $bot->pushMessage($row['userid'], new \LINE\LINEBot\MessageBuilder\
                     TextMessageBuilder('ビンゴ終了。退室しました。
                     '));
  }

  // ユーザーを削除
  $sqlDeleteUser = 'delete FROM ' . TABLE_NAME_SHEETS . ' where roomid = ?';
  $sthDeleteUser = $dbh->prepare($sqlDeleteUser);
  $sthDeleteUser->execute(array($roomId));

  // ルームを削除
  $sqlDeleteRoom = 'delete FROM ' . TABLE_NAME_ROOMS . ' where roomid = ?';
  $sthDeleteRoom = $dbh->prepare($sqlDeleteRoom);
  $sthDeleteRoom->execute(array($roomId));
}
```

進行と同じく、ビンゴを開始したユーザーのみ終了できるようにします。

退室の処理と同じく、間違って退出してしまわないよう確認ダイアログを挟みます。

これでビンゴ BOT は完成となります。

6.2 高速化しよう

本節ではリバーシの時と同じようにレスポンスの高速化に取り組みます。

今回はリバーシの時と違い、ユーザーに割り当てたシートの画像を保存しておく形を取りましょう。

また、LINE BOTをグループに追加した際の挙動についてもHintで解説します。

機能的には完成しましたが、リバーシBOTと同様にレスポンスが遅いので速くしましょう。

リバーシの時は石の配置を記憶しておきましたが、今回は番号がプリントされた状態の画像を表示しておけば十分なのでそうしましょう。

sheetImageGenerator.php を以下のように変更します。

```php
define('GD_BASE_SIZE', 700);

$destinationImage = imagecreatefrompng('imgs/bingo_bg.png');

$sheet = json_decode(urldecode($_REQUEST['sheet']));
$balls = json_decode(urldecode($_REQUEST['balls']));

for($i = 0; $i < count($sheet); $i++) {
  $col = $sheet[$i];
  for($j = 0; $j < count($col); $j++) {
    if($col[$j] != 0) {
      $numImage = imagecreatefrompng('imgs/' . str_pad($col[$j], 2, 0,
                      STR_PAD_LEFT) . '.png');
      imagecopy($destinationImage, $numImage, 15 + (int)($i * 134), 116 +
                      (int)($j * 114), 0, 0, 134, 114);
      imagedestroy($numImage);
    }

    if(in_array($col[$j], $balls)) {
      $holeImage = imagecreatefrompng('imgs/hole.png');
      imagecopy($destinationImage, $holeImage, 15 + (int)($i * 134), 116 +
                      (int)($j * 114), 0, 0, 134, 114);
      imagedestroy($holeImage);
    }
  }
}
```

```php
}
// 数字が合成済みの画像の名前
$sheetName = json_encode($sheet) . '.png';
// 保存されていれば
if(file_exists('./tmp/' . $sheetName)) {
  // 保存された画像を合成のベースに変更
  $destinationImage = imagecreatefrompng('./tmp/' . $sheetName);
  // 数字とボールの配列を比較し穴を合成
  for($i = 0; $i < count($sheet); $i++) {
    $col = $sheet[$i];
    for($j = 0; $j < count($col); $j++) {
      if(in_array($col[$j], $balls)) {
        $holeImage = imagecreatefrompng('imgs/hole.png');
        imagecopy($destinationImage, $holeImage, 15 + (int)($i * 134), 116 +
                      (int)($j * 114), 0, 0, 134, 114);
        imagedestroy($holeImage);
      }
    }
  }
// 保存されていなければ
} else {
  // 空のシート画像を生成
  $destinationImage = imagecreatefrompng('imgs/bingo_bg.png');
  for($i = 0; $i < count($sheet); $i++) {
    $col = $sheet[$i];
    for($j = 0; $j < count($col); $j++) {
      // 数字を合成。中央は何もしない
      if($col[$j] != 0) {
        // 数字の画像を取得
        $numImage = imagecreatefrompng('imgs/' . str_pad($col[$j], 2, 0,
                      STR_PAD_LEFT) . '.png');
        imagecopy($destinationImage, $numImage, 15 + (int)($i * 134), 116 +
                      (int)($j * 114), 0, 0, 134, 114);
        imagedestroy($numImage);
      }
      // 数字とボールの配列を比較し穴を合成
      if(in_array($col[$j], $balls)) {
        $holeImage = imagecreatefrompng('imgs/hole.png');
        imagecopy($destinationImage, $holeImage, 15 + (int)($i * 134), 116 +
                      (int)($j * 114), 0, 0, 134, 114);
        imagedestroy($holeImage);
      }
    }
  }
}
```

```
// 画像の保存先フォルダを定義
$directory_path = './tmp/';
// フォルダが存在しない時
if(!file_exists($directory_path)) {
  // フォルダを作成
  if(mkdir($directory_path, 0777, true)) {
    // 権限を変更
    chmod($directory_path, 0777);
  }
}
// 現在の画像をフォルダに保存
imagepng($destinationImage, $directory_path . $sheetName, 9);
}
```

　これで画像は数字がプリントされた状態で保存され、次回以降は穴のみを合成していくようになり高速化できました。

 最後に1つ、LINEのグループに参加するBOTについて補足しておきます。

LINE@ Managerで［アカウント設定］→［Bot設定］と進み［Botのグループトーク参加］を「利用する」に設定するとBOTをグループに招待することができるようになります。LINEアプリからグループに招待してみてください。自動的に承認し、参加します。
これでBOTはグループに参加できたわけですが、このグループ内の発言が誰から発せられたかをBOTは知ることができません。通常の1：1のトークならイベントにはreplyTokenとuserIdが付与されていますが、グループ内の発言にはreplyTokenと、userIdではなくroomIdが付与されています。

つまり、BOTは「グループの誰かが発言した」というイベントは取得できますが、それが誰からかのものかもわからず、ユーザーごとに別のメッセージを送ることもできません。できるのはルームの全員に対して同じメッセージを送ることだけです。

ということで、複数のユーザーを管理し個別にハンドリングしていくような今回のようなBOTの場合は、疑似的なルームを作成するしかなさそうです。

Chapter 7
LINE Loginと連携しよう

Chapter 7では LINE Login についての解説を行います。
Web サイトに LINE Login を組み込むことで、
LINE ユーザーは LINE のユーザー名／パスワードで
ログインすることができます。

7.1 LINE Loginを始めよう

本節ではLINE Login を利用するためのアカウントの開設方法について解説します。
Messaging APIと同様に、LINE Business Centerのビジネスアカウントとして作成し、
LINE Developersで必要な情報を取得します。

　LINE Loginを利用するには、LINE Messaging API と同様にWeb上で登録する必要があります。

　まずは、LINE Business Centerへアクセスしてください。

URL https://business.line.me/ja/

　［アカウントリスト］から［ビジネスアカウントを作成する］→［LINE Loginを始める］
をクリックしてください（図7.1）。

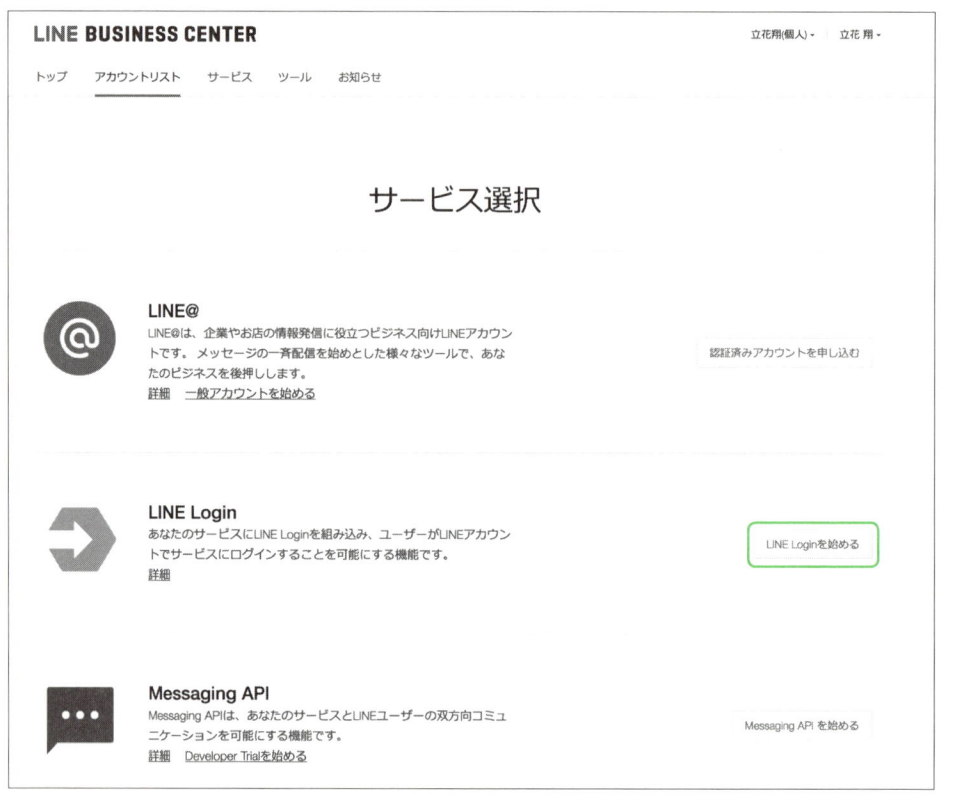

図7.1 LINE Loginへの登録

各項目を入力し、[確認する]をクリックします（図7.2）。

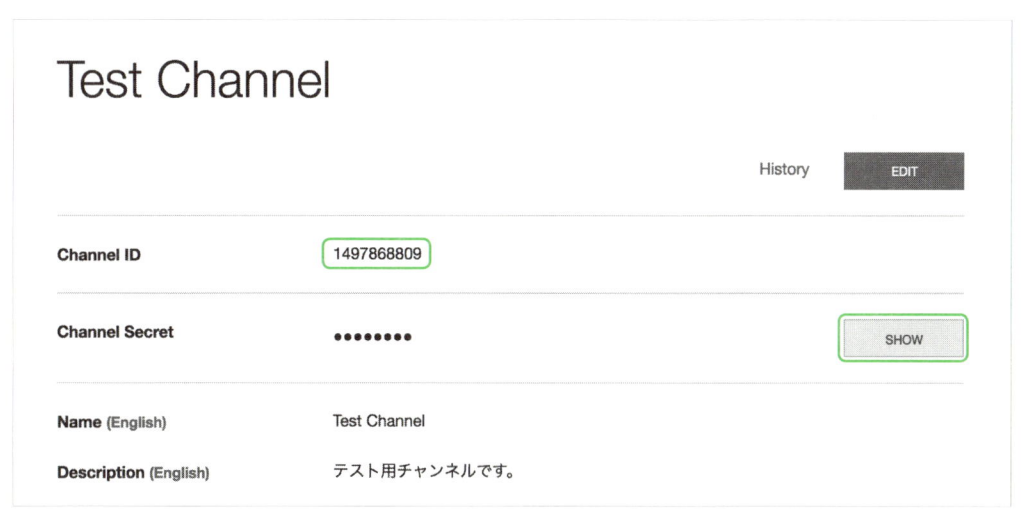

図7.2 Webタイプを選択

登録が完了したら［LINE Developersへ］をクリックして移動し、Channel IDとChannel Secretを控えておいてください（図7.3）。

Test Channel

History　EDIT

Channel ID	1497868809	
Channel Secret	••••••••	SHOW
Name (English)	Test Channel	
Description (English)	テスト用チャンネルです。	

図7.3 詳細設定

これでいったん終了です。

7.2 Webへ誘導しよう

本節では、LINE Loginを利用するWebページへユーザーを誘導するためのリンクを作成
し、ユーザーに送信します。
遷移先のWebページはPCでもスマートフォンでも開くことができ、LINE Loginを行うため
のボタンが表示されます。

▶ 準備

コーディングの前に、先ほど控えておいたChannel IDとChannel SecretをHerokuの管
理画面から登録しましょう（図7.4）。

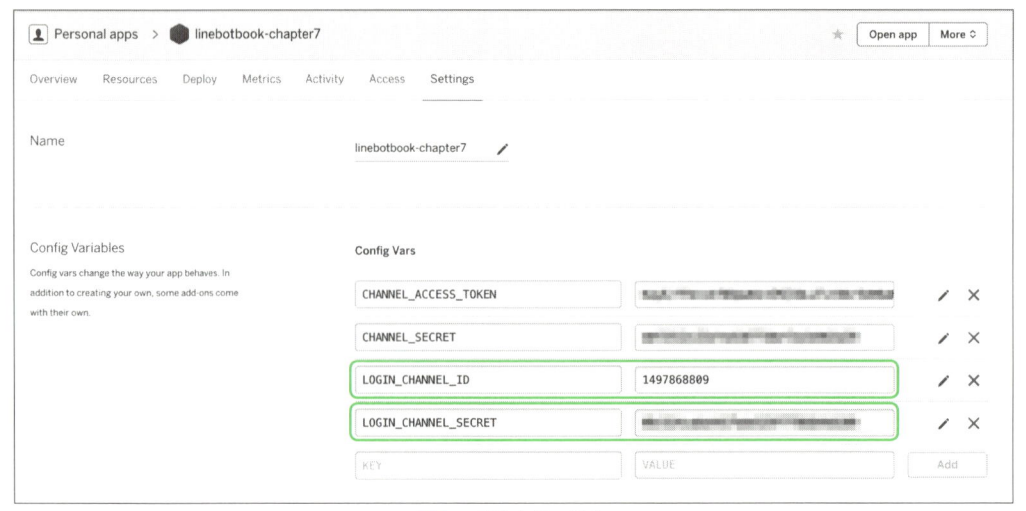

図7.4 環境変数の設定

次に、いつものように新規プロジェクトを作り、Chapter 3で作成したひな型をコピーします。

▶ CSRF対策

ひな型がコピーできたら、クロスサイトリクエストフォージェリ（CSRF）対策に必要なラ
イブラリをComposerでインストールしましょう。

CSRFとはWebアプリケーションの脆弱性を利用した攻撃で、対策をしていないとデータ
の漏洩やなりすまし等の被害が出る恐れがあります。CSRF対策として、リクエストを処理す
る時に入力されてきたCSRFトークンが妥当であるかどうかを検証します。

aura/sessionには対策用のツールが入っているため、こちらを利用しましょう。ターミナルでプロジェクトフォルダに移動し、以下のコマンドを入力します。

```
composer require aura/session
```

後ほどコールバックURLを生成する際にstateパラメータが必要となりますが、このstateパラメータがクロスサイトリクエストフォージェリ（以後CSRF）対策用のトークンになります。

▶ 誘導ページを実装する

次に、index.phpを以下のように変更します。

```
$bot->replyText($event->getReplyToken(), $event->getText());
// LINE Loginページへのリンクを返信
replyMultiMessage($bot, $event->getReplyToken(),
  new \LINE\LINEBot\MessageBuilder\TextMessageBuilder("以後の処理は
                     ホームページで可能です。以下のURLに
                     アクセスしてください。"),
  new \LINE\LINEBot\MessageBuilder\TextMessageBuilder("https://" .
                     $_SERVER["HTTP_HOST"] . "/line_login.php")
  );
```

自社サイトへの誘導を例として、ログインページへのURLを返すようにしました。

次に、line_login.phpというファイルを同階層に作成し、以下のように編集します。

```
<!DOCTYPE html PUBLIC '-//W3C//DTD XHTML 1.0 Transitional//EN'
                     'http://www.w3.org/TR/xhtml1/DTD/
                     xhtml1-transitional.dtd'>
<html xmlns='http://www.w3.org/1999/xhtml' lang='ja' xml:lang='ja'>
<head>
<meta http-equiv='Content-Type' content='text/html; charset=UTF-8'>
<meta name='viewport' content='width=device-width,initial-scale=1.0,
                     user-scalable=no' />
<link rel=stylesheet type="text/css" href="style.css">
<title>LINE Loginサンプル</title>
</head>
<body>
<div class='all'>
<div class='main'>
  <p>下のボタンをタップしてログインしてください。</p>
<?php
  // LINEログインへのリンクを表示するページ
```

```
// Composerでインストールしたライブラリを一括読み込み
require_once __DIR__ . '/vendor/autoload.php';

// セッション管理クラスをインスタンス化
$session_factory = new \Aura\Session\SessionFactory;
// セッションのインスタンスを取得
$session = $session_factory->newInstance($_COOKIE);
// Segment オブジェクトを取得 文字列は任意のものに変更
$segment = $session->getSegment('Vendor\Package\ClassName');
// CSRFトークン
$csrf_value = $session->getCsrfToken()->getValue();

// コールバックURL
$callback = urlencode('https://' . $_SERVER['HTTP_HOST'] .
                      '/line_callback.php');
$url = 'https://access.line.me/dialog/oauth/weblogin?response_type=
                      code&client_id=' . getenv(
                      'LOGIN_CHANNEL_ID') . '&redirect_uri=' .
                      $callback . '&state=' . $csrf_value;
// リンクを出力
echo '<a href=' . $url . '><button class="contact">LINEログイン
                      </button></a>';
?>
</div>
</div>
</body>
</html>
```

　LINEアカウントでログインさせるためにはLINEのサーバーへアクセスさせる必要があるのですが、上記のように response_type（「code」で固定）、client_id、redirect_uri、state のパラメータを付与した上で

URL https://access.line.me/dialog/oauth/weblogin

へリンクします。

　次に style.css というファイルを同階層に作成し、次ページのように編集します。
　CSSとは、HTMLで記述されたWebページのスタイルを指定するための言語です。今回は一例として、シンプルなページを表示するスクリプトですが、PC、スマートフォンのどちらで開いても適切なレイアウトになるよう設定してあります。

```
/* すべての要素 */
body{
  /* マージンを0に */
  margin: 0;
  /* フォント設定 */
  font-family: -apple-system, BlinkMacSystemFont, 'Helvetica Neue', 'Hiragino
                        ⮡ Kaku Gothic ProN', '游ゴシックMedium',
                        ⮡ meiryo, sans-serif;
  /* フォントの色を設定 */
  color:#2d2d2d;
}
/* 中央1カラムにするためのコンテナ */
.all {
  /* 幅900px */
  max-width: 900px;
  /* 中央寄せ */
  margin: auto;
}
/* コンテナ内 */
.main {
  /* 幅コンテナ内一杯 */
  width: 100%;
  /* 内包する要素は中央寄せ */
  text-align:center
  /* 縦方向のパディング20px、横方向のパディング0px */ ;
  padding:20px 0;
}
/* ボタンのスタイルを設定 */
button {
  /* 背景色 */
  background-color:#07a907;
  /* フォントサイズ */
  font-size:11pt;
  /* 枠線 */
  border-style: none;
  /* 幅 */
  width:70%;
  /* 角丸の半径 */
  border-radius: 5px;
  /* パディング */
  padding: 15px 0;
  /* 文字の色 */
  color:#ffffff;
}
```

```
/* マウスが乗った時のボタンのスタイルを設定 */
button:hover {
  /* 背景色 */
  background-color: #59b1eb;
}
/* p( テキスト ) 要素 */
p {
  /* フォントサイズの設定 */
  font-size:14pt;
}
/* 画像のスタイル */
img {
  /* 幅 */
  width:200px;
}
```

　これでいったんデプロイし呼びかけてみましょう。以下のように表示されていれば成功です（図7.5）。

　表示されたURLをクリックするとページが表示されます（図7.6）。

図7.5 返信

図7.6 ログインページ

7.3 アクセストークンを取得しよう

LINEのIDや表示名などユーザーの情報を取得するためのAPIがLINE Social REST APIです。本節では、LINE Social REST APIにアクセスするために必要となるアクセストークンの取得方法を解説します。
取得したアクセストークンをもとにユーザー情報を取得し、ページに表示しましょう。

ではボタンを押し、ログインしてみましょう。

しかしその前にLINE DevelopersにてAPIのコールバックを指定する必要がありますので、LINE Developersにアクセスします。
[Technical configuration] → [Callback URL] に「https://（アプリ名）.herokuapp.com/line_callback.php」と入力して保存します（図7.7）。
ブラウザの画面サイズが小さい時は［Technical Configuration］メニューが表示されていないかもしれません。
その際は左上のメニューボタンをクリックし、左側メニューを表示させてください。

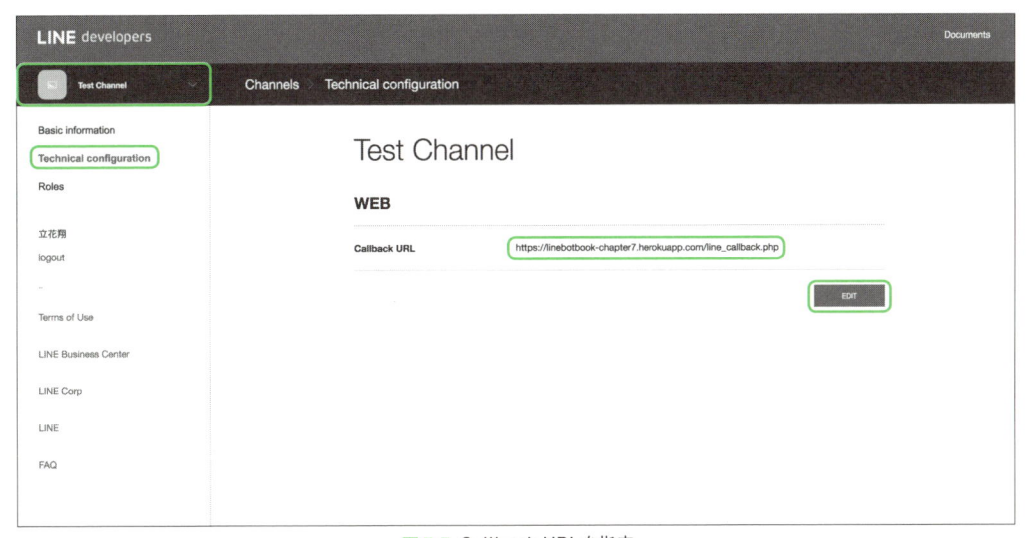

図7.7 Callback URLを指定

ここで入力したURL以外をコールバック先に指定するとエラーになりますのでご注意ください。なお、改行で区切ることで複数のURLを入力することもできます。

プロジェクトに戻り、line_callback.phpというファイルを作成し、以下のように入力します。

```
<!DOCTYPE html PUBLIC '-//W3C//DTD XHTML 1.0 Transitional//EN'
                      ⮑ 'http://www.w3.org/TR/xhtml1/DTD/
                      ⮑xhtml1-transitional.dtd'>
<html xmlns='http://www.w3.org/1999/xhtml' lang='ja' xml:lang='ja'>
<head>
<meta http-equiv='Content-Type' content='text/html; charset=UTF-8'>
<meta name='viewport' content='width=device-width,initial-scale=1.0,
                      ⮑user-scalable=no' />
<link rel=stylesheet type="text/css" href="style.css">
<title>LINE Loginサンプル</title>
</head>
<body>
<div class='all'>
<div class='main'>
<?php

// Composerでインストールしたライブラリを一括読み込み
require_once __DIR__ . '/vendor/autoload.php';

// GETリクエストのみ処理
$unsafe = $_SERVER['REQUEST_METHOD'] == 'POST'
        || $_SERVER['REQUEST_METHOD'] == 'PUT'
        || $_SERVER['REQUEST_METHOD'] == 'DELETE';

$session_factory = new \Aura\Session\SessionFactory;
$session = $session_factory->newInstance($_COOKIE);
$csrf_value = $_GET['state'];
$csrf_token = $session->getCsrfToken();

// リクエストの種類とトークンの同一性を検証
if ($unsafe || !$csrf_token->isValid($csrf_value)) {
  echo '<p>不正なリクエストです。</p>';
  return;
}

// LINEのサーバーでログイン処理ごとにGETアクセスされるページ
$callback = 'https://' . $_SERVER['HTTP_HOST'] . '/line_callback.php';
// ログイン成功時はパラメータにcodeが付与されている
if (isset($_GET['code'])) {
  // APIへのアクセストークンを取得するエンドポイント
  $url = 'https://api.line.me/v2/oauth/accessToken';
  // データ
  $data = array(
```

```php
    'grant_type' => 'authorization_code',
    'client_id' => getenv('LOGIN_CHANNEL_ID'),
    'client_secret' => getenv('LOGIN_CHANNEL_SECRET'),
    'code' => $_GET['code'],
    'redirect_uri' => $callback
);
$data = http_build_query($data, '', '&');
// ヘッダー
$header = array(
    'Content-Type: application/x-www-form-urlencoded'
);
// リクエストを組み立て。POST
$context = array(
    'http' => array(
        'method'  => 'POST',
        'header'  => implode('\r\n', $header),
        'content' => $data
    )
);
// レスポンスを取得
$resultString = file_get_contents($url, false, stream_context_create(
                        ↳$context));
// 文字列を連想配列に変換
$result = json_decode($resultString, true);

// パラメータにaccess_tokenが付与されていれば
if(isset($result['access_token'])) {
    // ユーザーのプロフィールを取得するエンドポイント
    $url = 'https://api.line.me/v2/profile';
    // アクセストークンを使ってリクエストを組み立て。GET
    $context = array(
        'http' => array(
        'method'  => 'GET',
        'header'  => 'Authorization: Bearer '. $result['access_token']
        )
    );
    $profileString = file_get_contents($url, false, stream_context_create(
                        ↳$context));
    $profile = json_decode($profileString, true);
    // HTMLに出力
    echo '<img src="' . htmlspecialchars($profile["pictureUrl"],
                        ↳ ENT_QUOTES) . '" />';
    echo '<p>ようこそ、' . htmlspecialchars($profile["displayName"],
                        ↳ ENT_QUOTES) . 'さん！</p>';
```

1 2 3 4 5 6 7 8

```
      echo '<p>userId : ' . htmlspecialchars($profile["userId"],
                      ↵ ENT_QUOTES) . 'さん！</p>';

      // ユーザーにメッセージを送信
      $httpClient = new \LINE\LINEBot\HTTPClient\CurlHTTPClient(getenv(
                      ↵'CHANNEL_ACCESS_TOKEN'));
      $bot = new \LINE\LINEBot($httpClient, ['channelSecret' => getenv(
                      ↵'CHANNEL_SECRET')]);
      $bot->pushMessage($profile["userId"], new \LINE\LINEBot\MessageBuilder\
                      ↵TextMessageBuilder('ブラウザ経由で
                      ↵ログインしました。'));
  }
}
// ログイン失敗時
else {
  echo '<p>ログインに失敗しました</p>';
}
?>
</div>
</div>
</body>
</html>
```

ユーザーはブラウザ上に表示された［LINEログイン］ボタンをクリックするとLINEのサーバーに移動し、LINEアカウントのメールアドレスとパスワードでログインを試みます。

LINEのログイン画面（図7.8）で［ログイン］ボタンを押すと、ログインの成否結果と他のデータがline_callback.phpに渡されます。

ログインが成功した場合には「code」というパラメータがセットされていますのでそれをチェックします。

図7.8 LINEのログイン画面（PC版）

成功している場合にはさらにそちらを利用して

URL https://api.line.me/v2/oauth/accessToken

にアクセスし、アクセストークンを取得します。

アクセストークンを取得できればLINEのSocial REST APIを呼び出すことができます。

今のところSocial REST APIでできるのはアクセストークンの管理とプロフィールの取得のみですので、プロフィールを取得し、プロフィール画像と表示名を取得し、ページに表示しています。

　これでデプロイし、line_login.phpの［LINEログイン］ボタンをタップしてみましょう。LINEアプリで行った画面の遷移もなく、メールアドレスやパスワードの入力も不要で一瞬でログインできます（図7.9）。

　line_callback.php上にAPIから取得したユーザーのデータが表示されます。ユーザーIDも取得できました（図7.10）。

図7.9 自動でログイン中

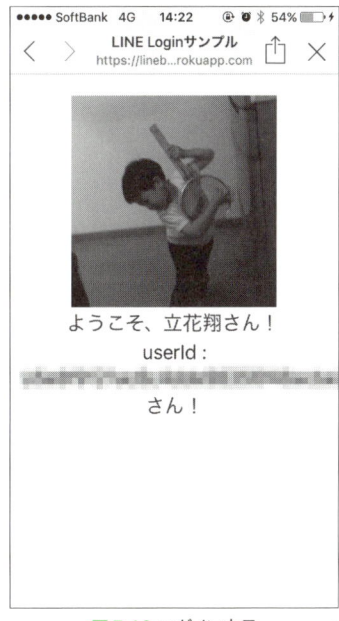

図7.10 ログイン完了

7.4 Webサービスからの Push API

本節では、WebページからユーザーのLINEアカウント（BOTとのトーク画面）にメッセージを送信する方法を解説します。
LINE Loginで取得できるIDはMessaging APIと共通なので、Webページからでもユーザーにメッセージを送ることができます。

　前項でユーザーIDが取得できましたが、このユーザーIDはLINE Login独自のものでなく、Messaging APIでも共通に使えますので、BOTからPush APIでユーザーにメッセージを送ることもできます。

　ログインが成功した場合、同時にメッセージを送るようにline_callback.phpを変更しましょう。

```php
<div class='all'>
<div class='main'>
<?php
// LINEのサーバーでログイン処理ごとにGETアクセスされるページ
// Composerでインストールしたライブラリを一括読み込み
require_once __DIR__ . '/vendor/autoload.php';

$callback = 'https://' . $_SERVER['HTTP_HOST']  . '/line_callback.php';
    ・
    ・
    ・
    echo '<p>userId : ' . $profile["userId"] . 'さん！</p>';

    // ユーザーにメッセージを送信
    $httpClient = new \LINE\LINEBot\HTTPClient\CurlHTTPClient(getenv(
                    ⏎'CHANNEL_ACCESS_TOKEN'));
    $bot = new \LINE\LINEBot($httpClient, ['channelSecret' => getenv(
                    ⏎'CHANNEL_SECRET')]);
    $bot->pushMessage($profile["userId"], new \LINE\LINEBot\
                    ⏎MessageBuilder\TextMessageBuilder(
                    ⏎'ブラウザ経由でログインしました。'));
  }
}
```

デプロイして、もう一度ログインしてみましょう。Messaging API を通じて、トーク画面にメッセージが送られました（図7.11、図7.12）。

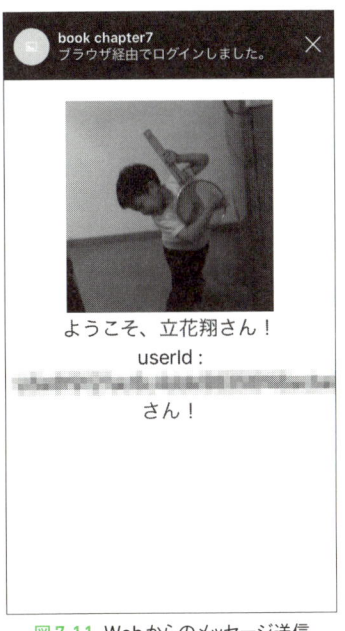

図7.11 Webからのメッセージ送信

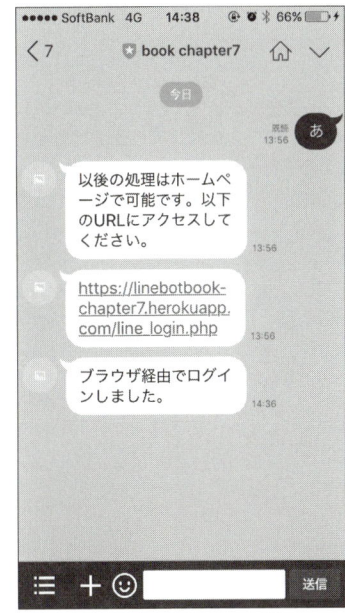

図7.12 トーク画面

　これでLINE Loginの解説を終わります。

LINE Loginを使うと、Webページを使ってUIを見せることが可能になり、BOTで実現できる機能の幅が格段に広がります。

例えば「ショッピングサイトの問い合わせをBOTで行い、ユーザーが欲しいものが確定したタイミングで該当商品の詳細と購入リンクを見せたい」といったケースを考えてみます。

テキストと画像の組み合わせやCarouselテンプレートを利用することもできますが、メッセージを送ることができる数には制限がありますし、UIを自由にレイアウトすることはできません。

Webページを利用するとどんなUIでも自由にレイアウトできますし、IDとパスワードの入力も不要ですので、このような場合にはWebページのほうが圧倒的に優位です。

サイトによってはGoogleやFacebookよりもLINEのアカウントを利用したソーシャルログインのほうが利用率が高いケースもあるようなので、どんどん使っていきましょう。

Chapter 8
対話BOTを作ろう

Chapter 8では、人間と話をしているような感じで対話ができる
BOTを作ってみましょう。IBMのWatson Conversationサービス
を利用してWebから会話を設定し、それをBOTに接続する手順と
なります。

Watson Conversation APIを利用しよう

> 本節では、対話機能を実装するために利用するWatson Conversation APIの詳細と登録方法を解説します。
> まずは登録を行い、ワークスペースを作成し、会話の要素を設定し、それらを組み合わせます。

8.1.1 Watson Conversationとは？

　Watson Conversationとは、自然言語処理能力を備えた対話シミュレーションを実現するシステムで、発言のインテント（目的）、エンティティ（対象）、ダイアログ（会話）を定義することで人間らしい対話ができるチャットボットを作成することができます。

> **Hint** インテントとは、会話の中で「○○を開始する」「○○を終了する」「○○に電話する」「○○を強める」「あいさつをする」というような、意図となる部分を指します。
>
> エンティティは、「テレビを○○する」「エアコンを○○する」「音楽を○○する」というような、対象を表します。
>
> ダイアログは、インテントやエンティティをトリガーとして、それに対してレスポンス（会話）を返したり、インテントを認識した上でエンティティの選択へ引き継いだり、いずれにも該当しない場合に返答可能なインテントのサジェストを行ったりといった、実際の会話部分の定義のことを指します。

　また、簡単な学習機能も付属しており、学習を重ねることでより的確な答えを返すようになります。

　定義の設定と学習はブラウザ上で行うことが可能で、作成したチャットボットはSDKやREST APIを通じて既存のアプリケーションからのアクセスが可能です。

　本書ではブラウザ上で作成したチャットボットにPHPからREST APIを利用して接続します。

8.1.2 Watson Conversationのアカウント作成

　では最初に、Watson Conversationを利用するためBluemixのアカウントを作成します。

BluemixはIBMが提供するPaaSであり、Conversationの他にもさまざまなAPIを備えています。

　30日間無料でトライアルが可能です。以下のURLにアクセスしてください。

URL https://console.ng.bluemix.net/

　Bluemixのサイトが表示されたら、［フリー・アカウントの作成］ボタンをクリックします（図8.1）。

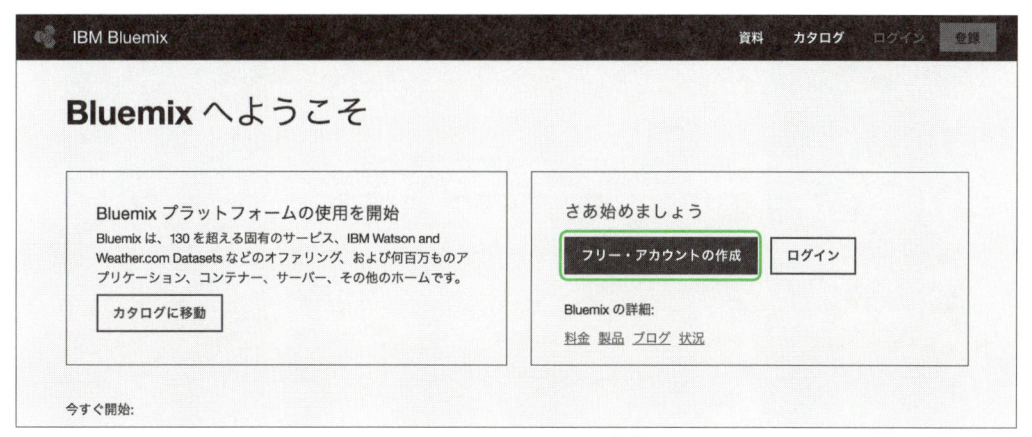

図8.1 フリー・アカウントの作成

　必要な情報を入力し、［アカウントの作成］ボタンをクリックします（図8.2）。認証メールが届くのでメール文中のリンクをクリックして認証を完了させてください。

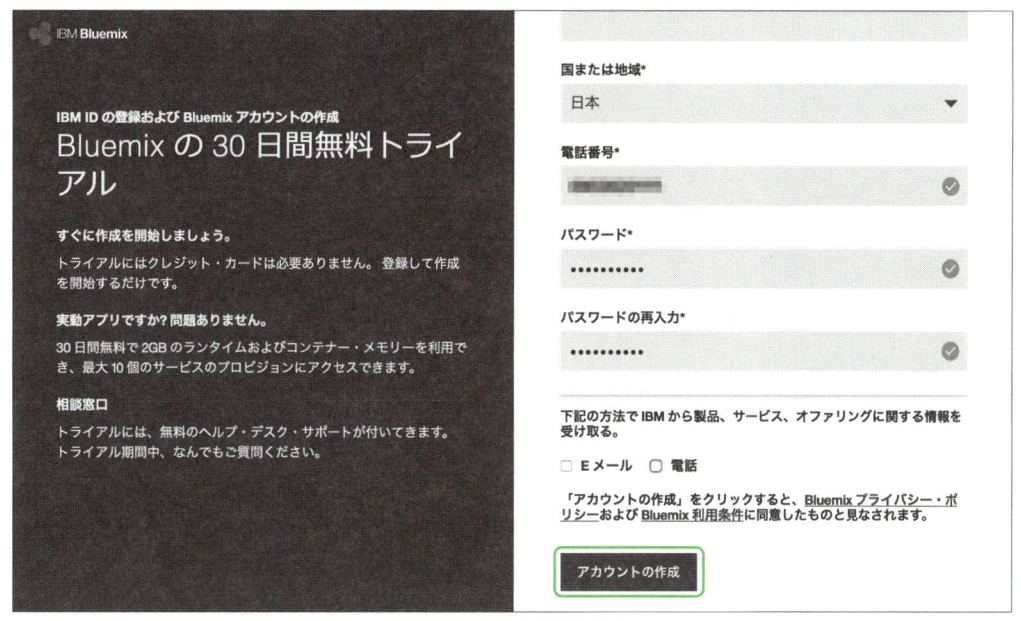

図8.2 アカウント情報の入力

　利用したメールアドレスとパスワードを使ってログイン後、規約が開くので一読し、同意できるのであれば同意します。

　すると、組織の作成ダイアログが表示されますので図8.3のように設定します。「米国南部」を選択するのを忘れないでください。

図8.3　組織の作成

［作成］ボタンをクリックするとスペースの作成ダイアログに移ります（図8.4）。

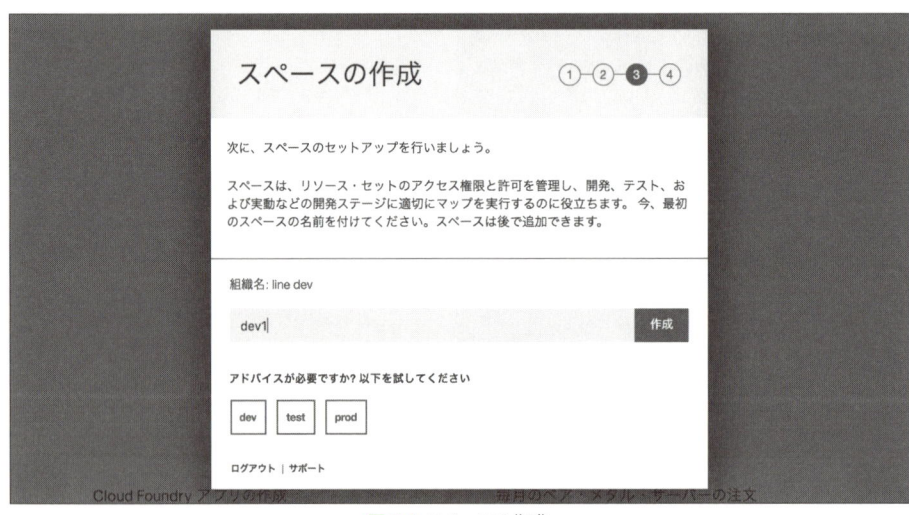

図8.4　スペースの作成

適当な名前をつけ、［作成］ボタンをクリックします。

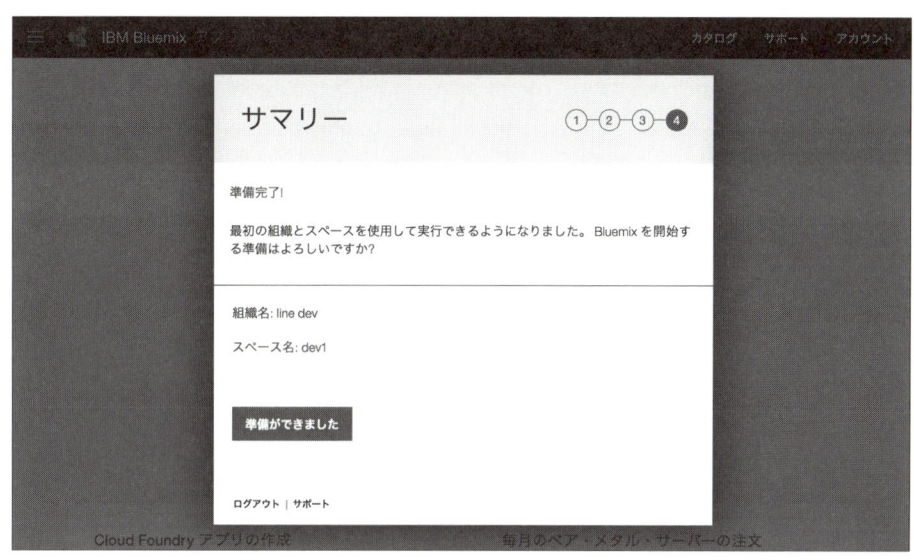

図8.5 サマリー

　するとサマリーダイアログ（図8.5）が表示されますので、［準備ができました］ボタンを
クリックします。

　アプリの作成ダイアログに遷移しますが、今回作りたいのはサービスですので、左メニュー
を開き［サービス］をクリック、リストから［Watson］をクリックします（図8.6）。

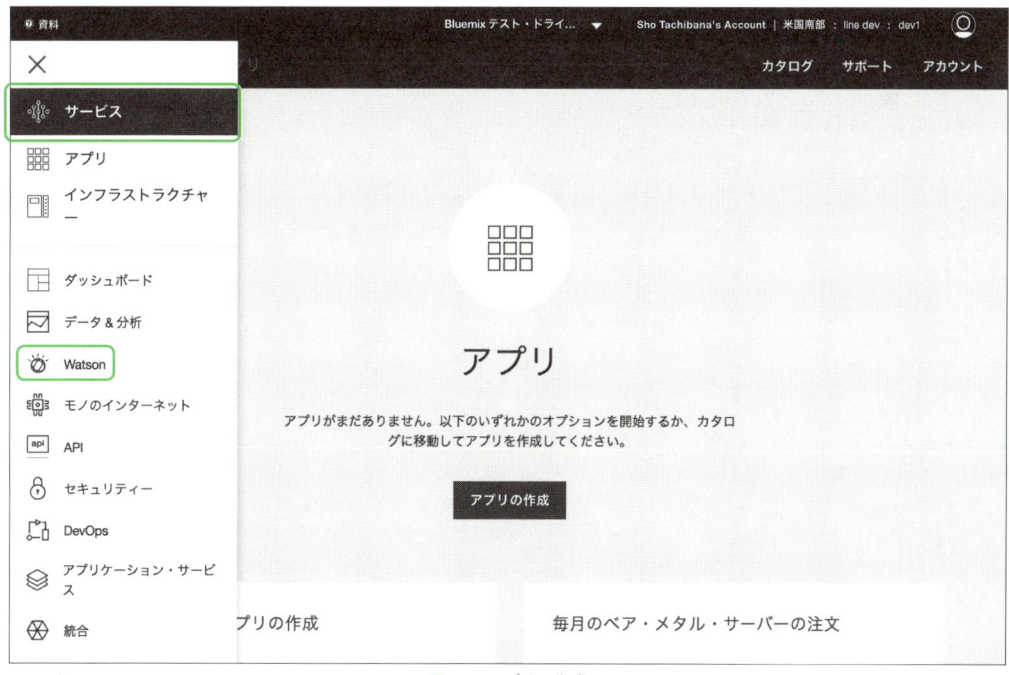

図8.6 アプリの作成

［Watsonサービスの作成］ボタンをクリックします（図8.7）。

図8.7 Watsonサービスの作成

次に、［Conversation］をクリックします（図8.8）。

図8.8 Conversationサービスの作成

［作成］ボタンをクリックします（図8.9）。

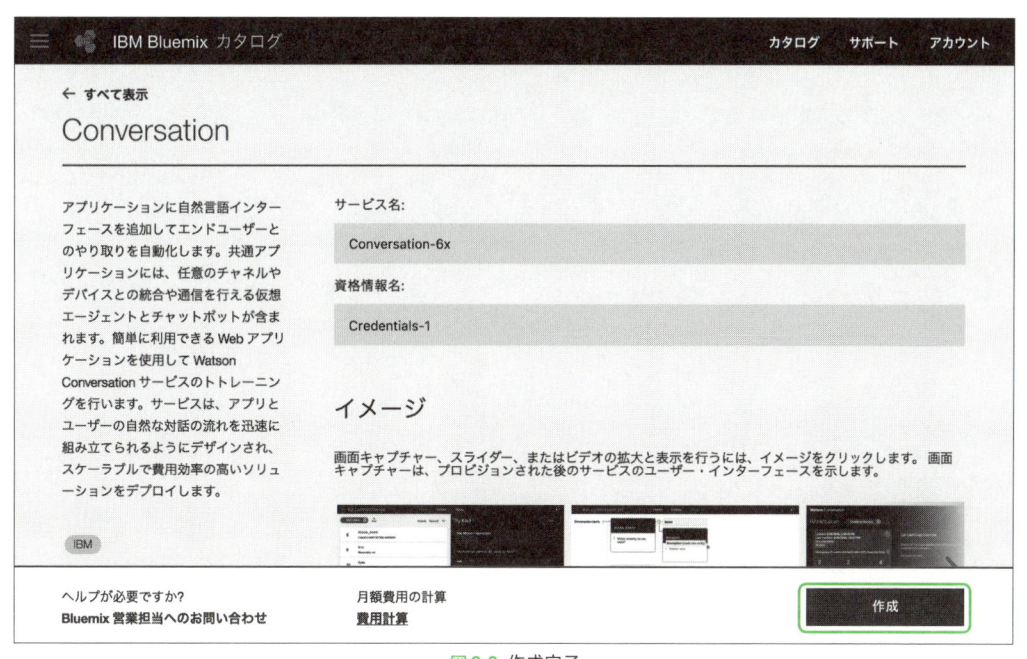

図8.9 作成完了

作成が完了したら、［Launch tool］ボタンがConversationの詳細を定義するツールへの
リンクとなっていますのでクリックします（図8.10）。

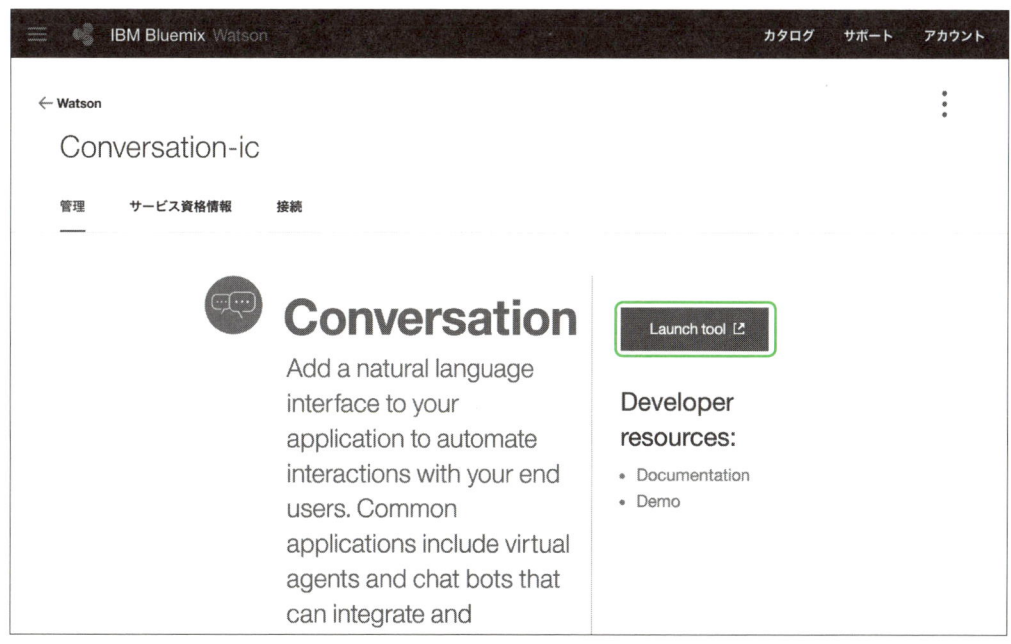

図8.10 Launch Tool

最後に、［Log in with IBM ID］ボタンをクリックしてログインしておいてください（図8.11）。

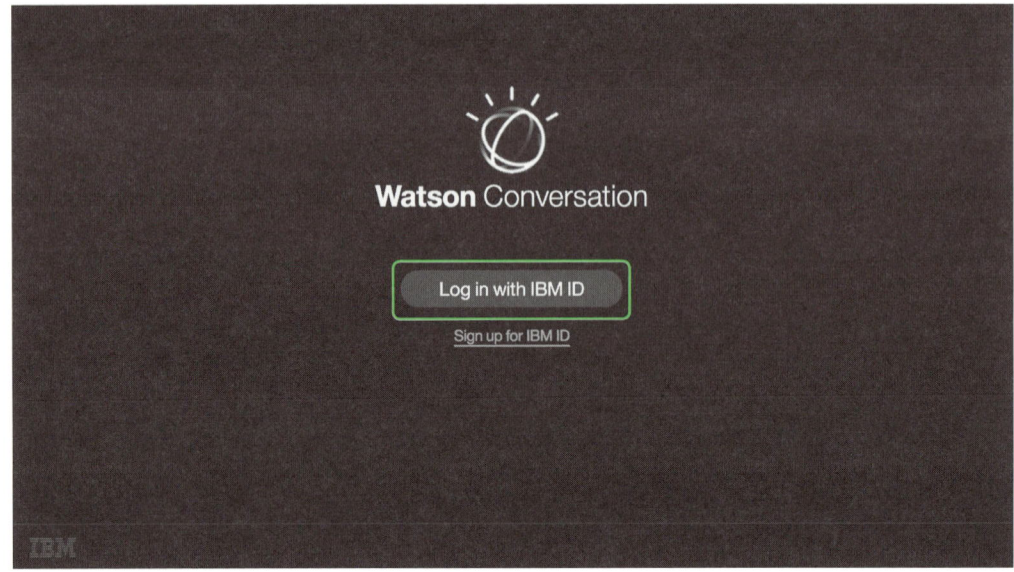

図8.11 ログイン

以上でConversationのアカウント作成は完了です。

8.1.3　会話の作成

ではいよいよ、BOTが行う会話を作っていきましょう。

まずはワークスペースを作成します。［Create］ボタンをクリックしてください（図8.12）。
1つのワークスペースが1つのチャットボットになるイメージです。

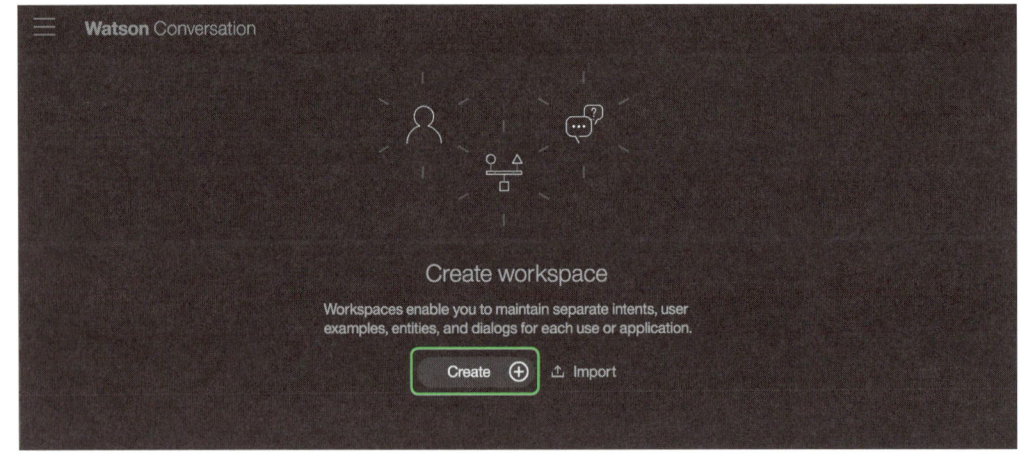

図8.12 ワークスペースの作成

今回は出先からLINE BOTを介して自宅の家電を操作するようなイメージのボットを作成します。図8.13のように入力してください。

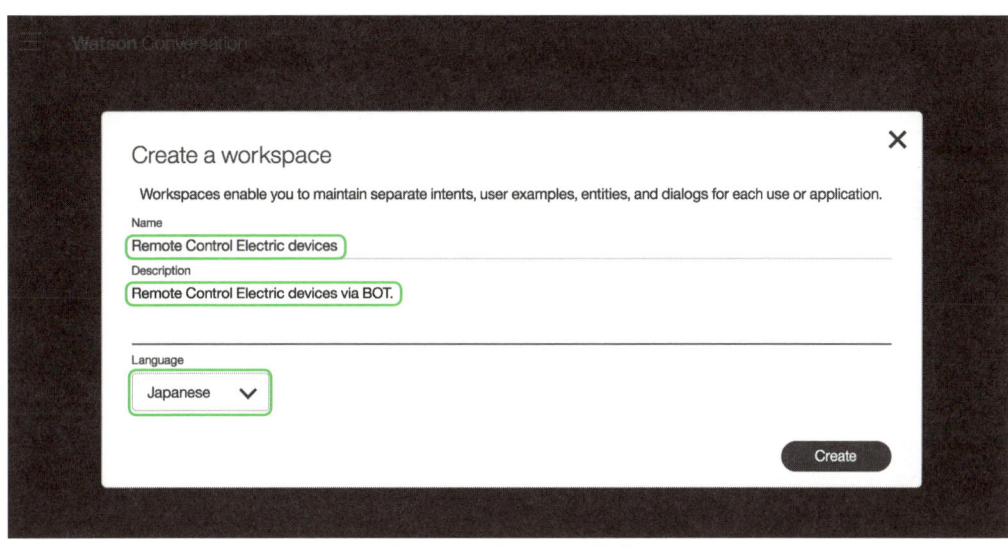

図8.13　ワークスペースの作成

　終わったら［Create］ボタンをクリックします。

　すると、インテントの作成画面が開きますので、［Create new］ボタンをクリックし、インテントの作成を開始します（図8.14）。

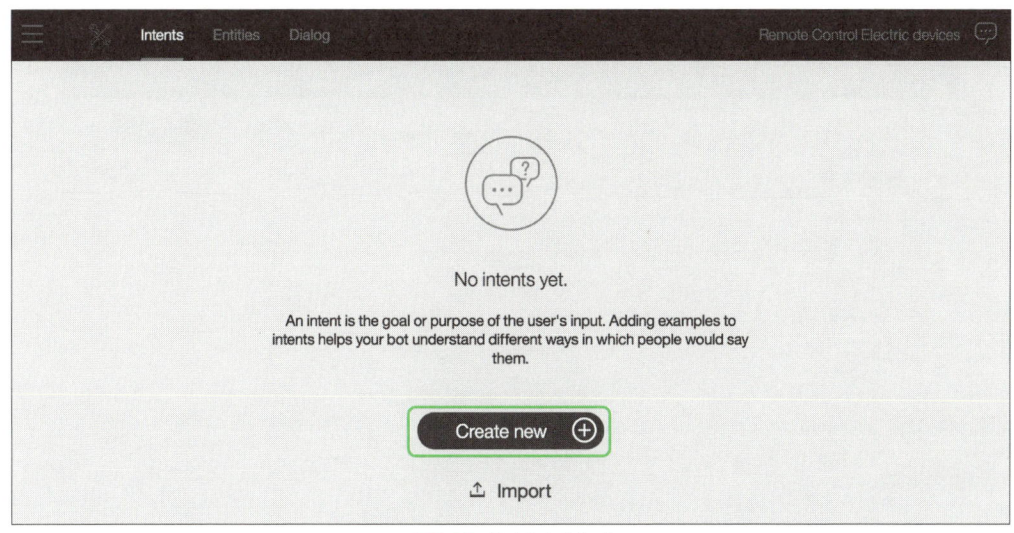

図8.14　インテントの作成

インテントとは、会話の中で「○○を開始する」「○○を終了する」「○○に電話する」「○

○を強める」「あいさつをする」というような、意図となる部分を指します。

　インテントを作成すると、Conversationは発言を解析し意図を読み取り、最も近いと思われるルートに発言を分類し、結果を返します。

　まずはあいさつと、終了のインテントを設定してみましょう。図8.15、図8.16のように2つのインテントを作成してください。User exampleは最低でも5つ設定してください。

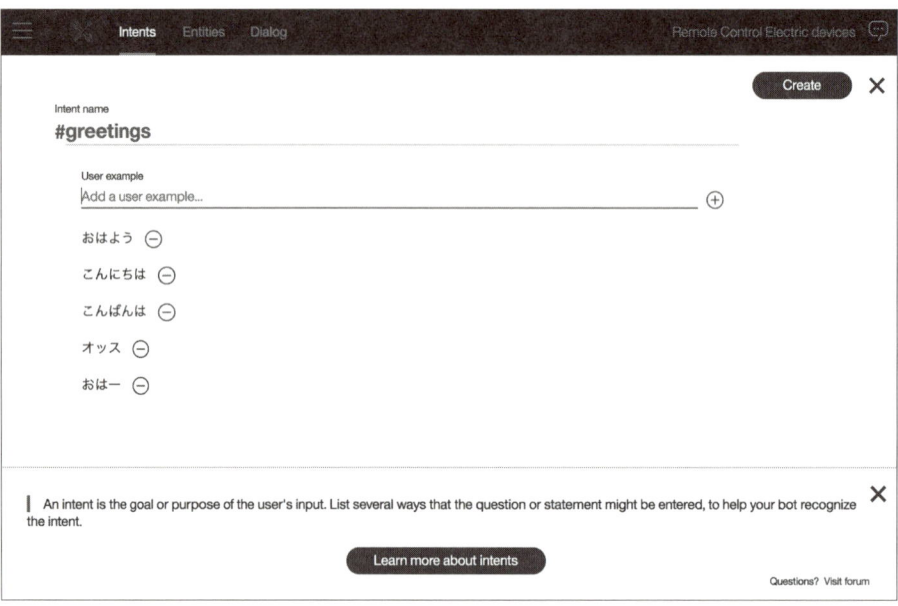

図8.15 あいさつのインテント

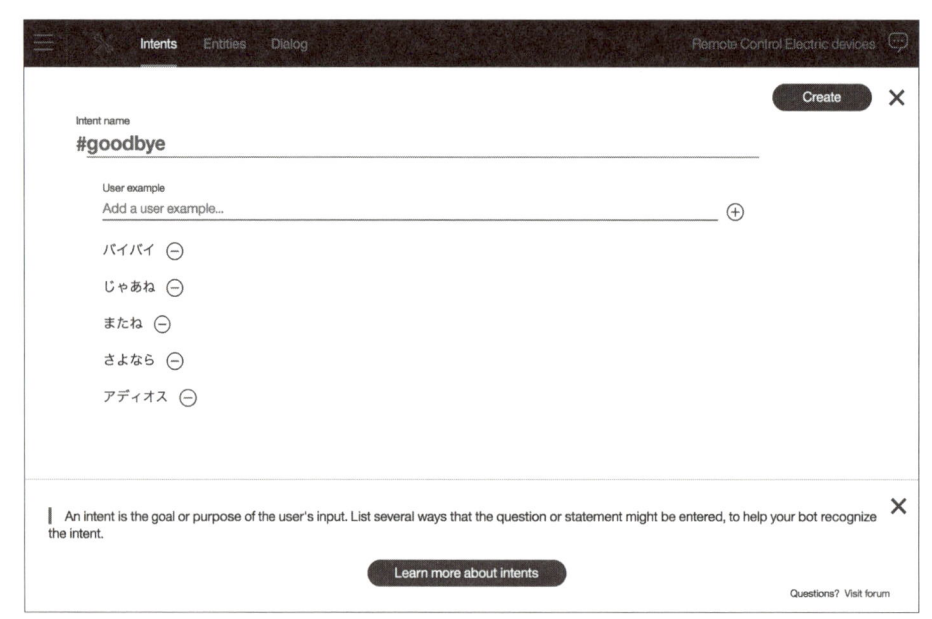

図8.16 終了のインテント

インテントが作れたので、会話を組み立ててみましょう。[Dialog] タブをクリックして、[Create] ボタンをクリックします（図8.17）。

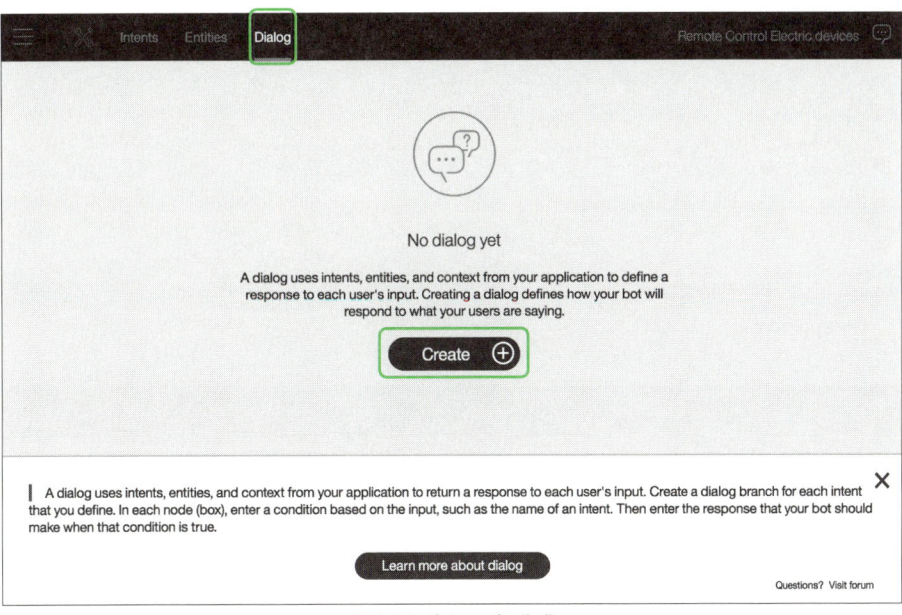

図8.17 ダイアログの作成

　ダイアログの作成画面が開きました。

　先ほど作成したあいさつと終了の2つのインテントを取得してみましょう。[+] ボタンをクリックすると新しい要素を追加できます（図8.18）。
　以後この要素を「会話」と呼びます。

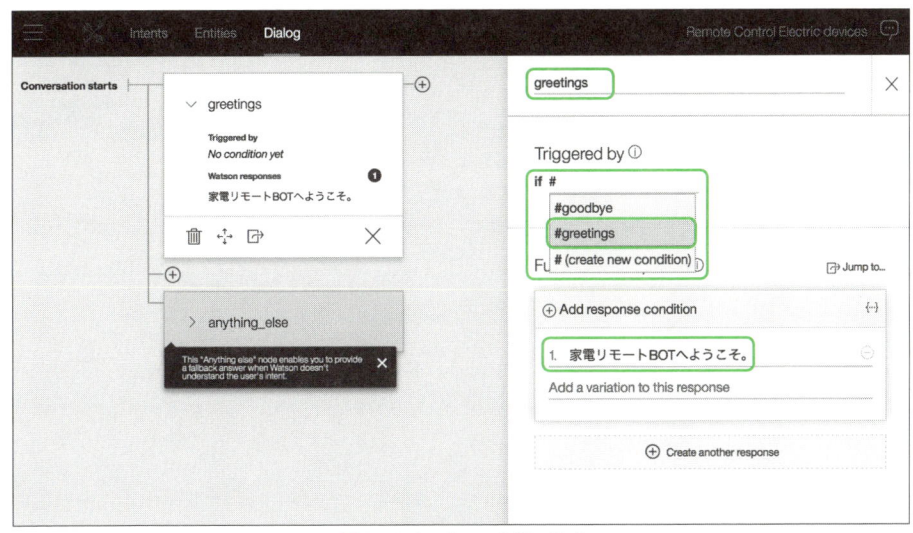

図8.18 あいさつの会話の作成

会話の作成ボタンをクリックすると、右側に詳細の入力画面が表示されます。

一番上に表示用のタイトルを入力します。

Triggered byのフィールドには、この会話が呼び出されるための条件を入力します。「#」を入力すると作成済みのインテントの一覧が候補として表示されるので、「greetings」をクリックしてください。

[Add response condition]には、ユーザーの発言がこの会話に分類された時に返すレスポンスを入力します。

同様に終了の会話も設定してください。2つのインテントを作成すると、管理画面は図8.19のようになります。

図8.19 会話の作成

次に、会話goodbyの下の「anything_else」という条件が入力された会話を設定します。

会話は右向きにどんどん枝分かれしていくのですが、同階層のどれにも分類されなかった場合、「anything_else」条件の会話に分類されます。

図8.20のように設定してください。

図8.20 会話anything_elseの作成

これで最小限のダイアログが作成されました。

ブラウザで動作が確認できます。画面右上の緑色の吹き出し（図8.21中に図示）をクリックしてください。

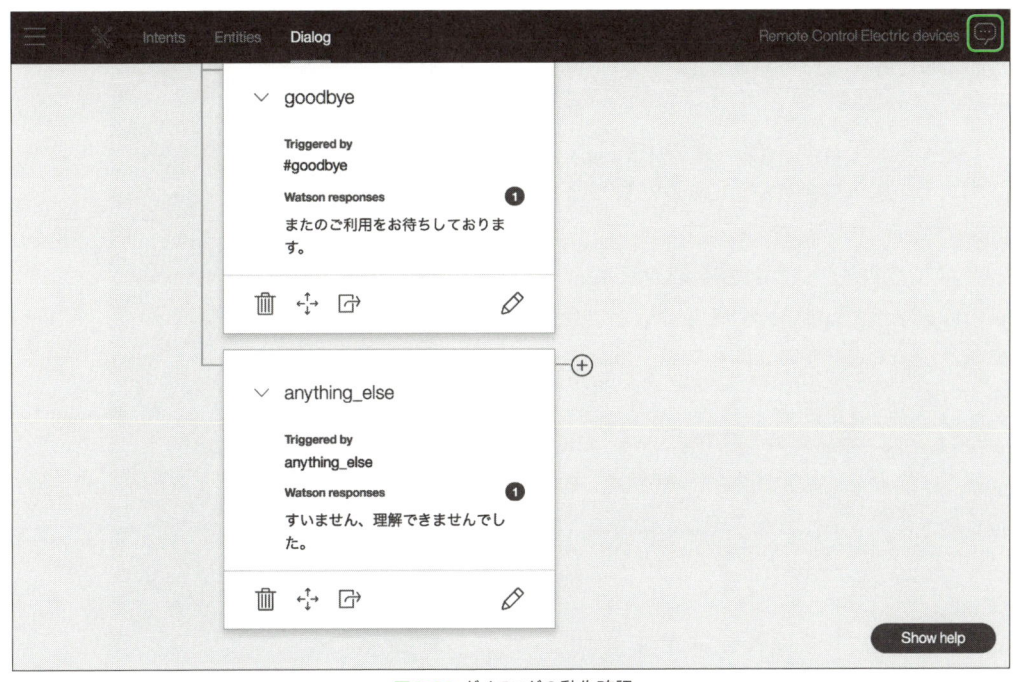

図8.21 ダイアログの動作確認

画面右側にダイアログの動作確認画面が開きます。

では、「おはよう」「バイバイ」と呼びかけてみましょう（図8.22）。

正しいレスポンスが返ってきていることが確認できます。

一番上の「すいません、理解できませんでした。」というのは、特別なイベントである「チャット開始時」の処理が未定義なのが理由で、BOTの場合はこのレスポンスが表示されることはないので無視してください。

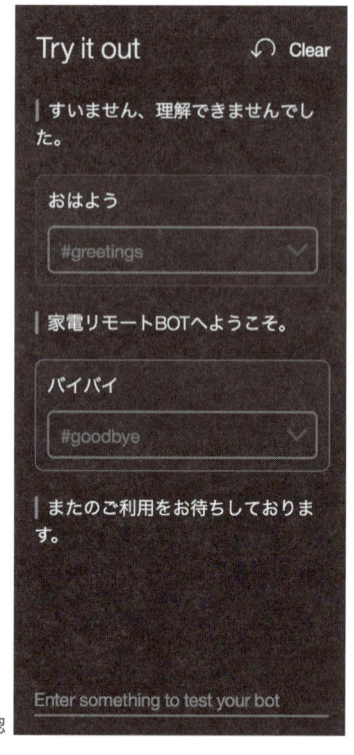

図8.22 ダイアログの動作確認

では次に、インテントに指定したExampleと1字違いの「こんにち**わ**」「バイバーイ」と入力してみましょう（図8.23）。

この場合もそれぞれ正しい意図に対してレスポンスが返ってきていることが確認できます。

ではなぜUser Exampleと違うテキストなのにもかかわらず、それを条件とした会話にたどり着くことができるのでしょうか？

それはインテントの作成時Conversationが勝手に学習を始め、User Exampleをもとにこのインテントに分類するための膨大な量

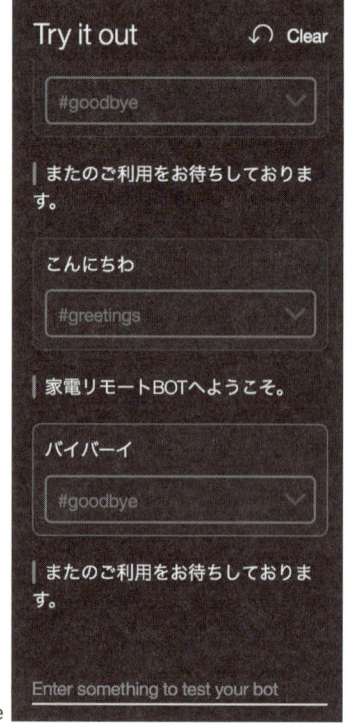

図8.23 インテントに設定しなかったExample

のテキストを準備しているためです。学習しているわけですね。

　そのため、文字列が違っていても込められている意図が同じだとこの会話にたどり着くことができるのです。

　次に、手動でConversationに学習させてみましょう。「さらばだ」と入力してください（図8.24）。

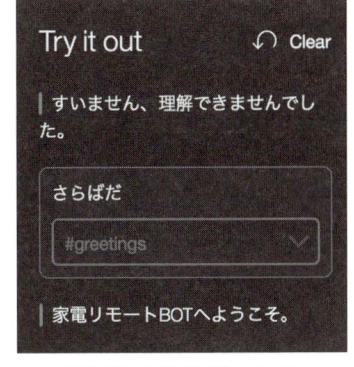

図8.24　分類が間違っている

　さすがに「さらばだ」を終了とは認識してくれないようです。分類が間違っていることを教えて学習させましょう。

　分類結果をクリックし、正しい会話を選択します（図8.25）。

図8.25　手動で学習させる

　クリックすると、画面右上に「Watson is training on your recent changes」と表示され、Conversationが学習を始めたことがわかります（図8.26）。

図8.26　学習を始めた

終わるまで1分ほど待ってみましょう（図
8.27）。

図8.27 学習が終わった

学習が終わったようです。これで
Conversationは「さらばだ」という例をも
とに、同じような意味の文章をこのインテン
トに分類するようになります（図8.28）。

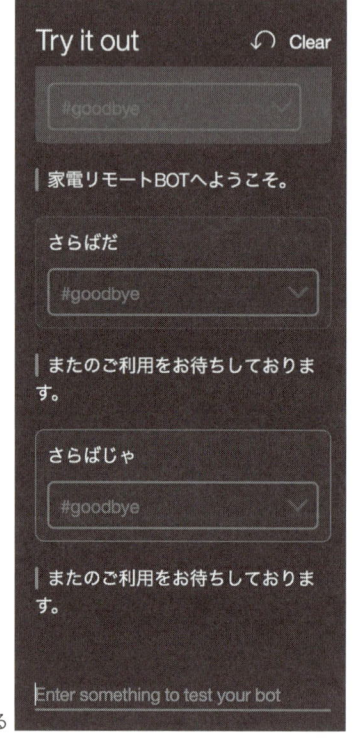

図8.28 学習できている

では、次に家電のオンオフを出先から切り替えているようなイメージの会話を作成してみましょう。

［Intent］タブに戻り、図8.29、図8.30のような2つのインテントを作成してください。

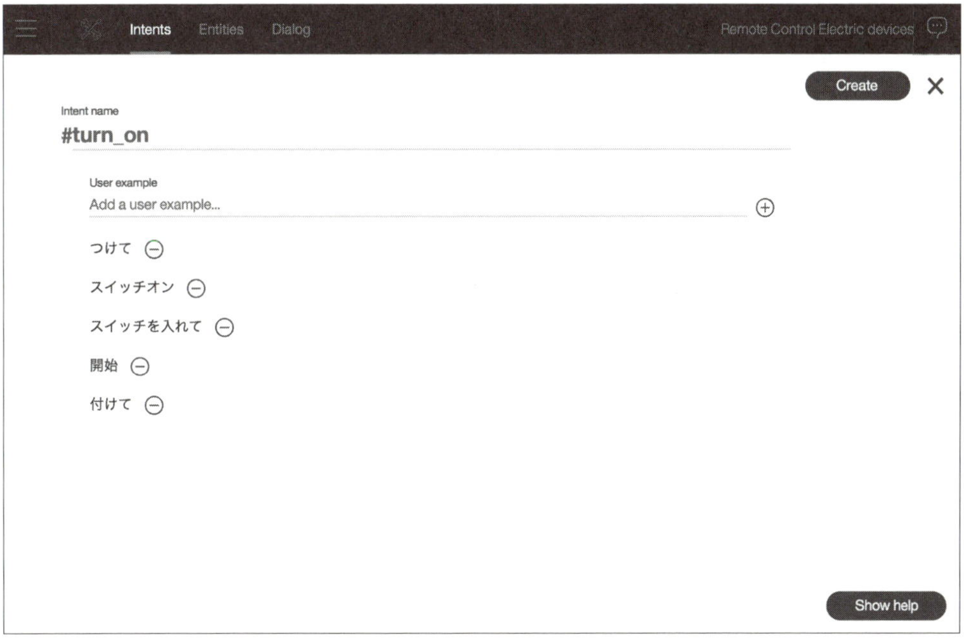

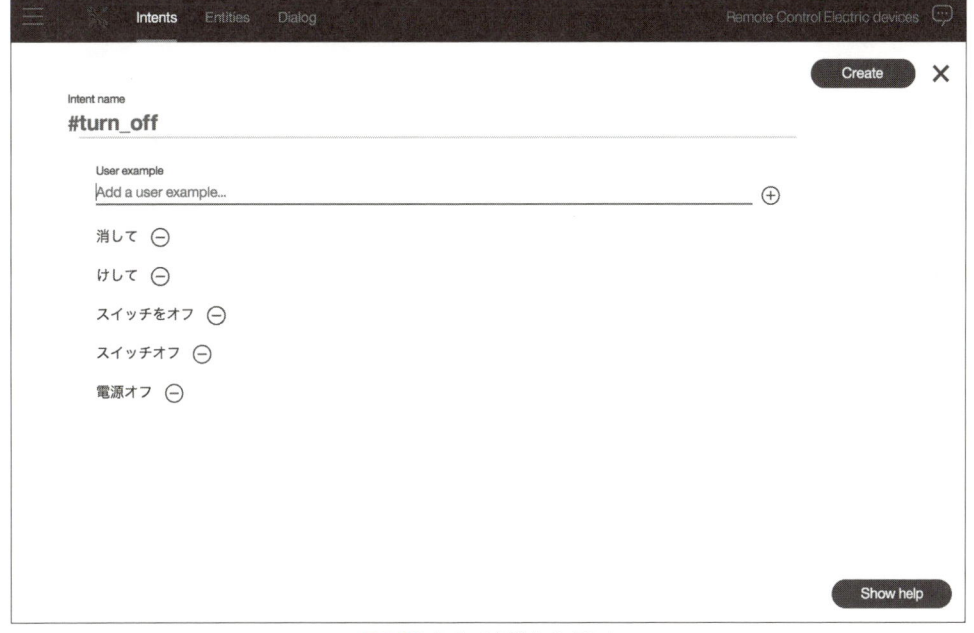

図8.29 スイッチを入れるインテント

図8.30 スイッチを消すインテント

できたら［Dialog］タブをクリックし、会話goodbyeの下の［+］ボタンをクリックして、作成したインテントをトリガーとする会話を追加します（図8.31）。

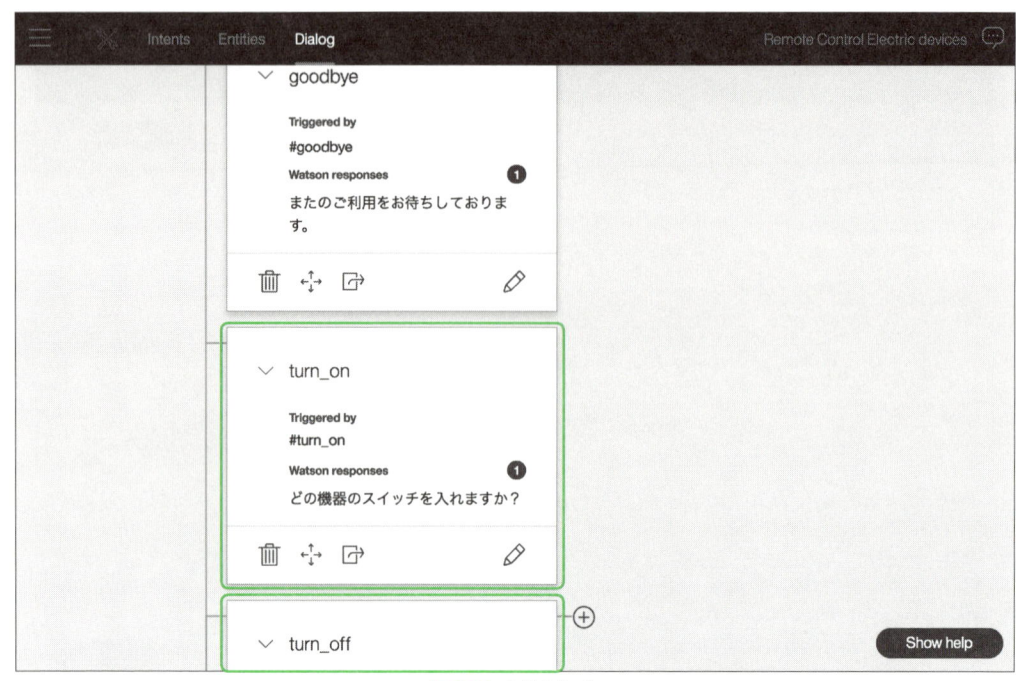

図8.31 会話の作成

では動作確認してみましょう（図8.32）。
正しく分類されていますね。

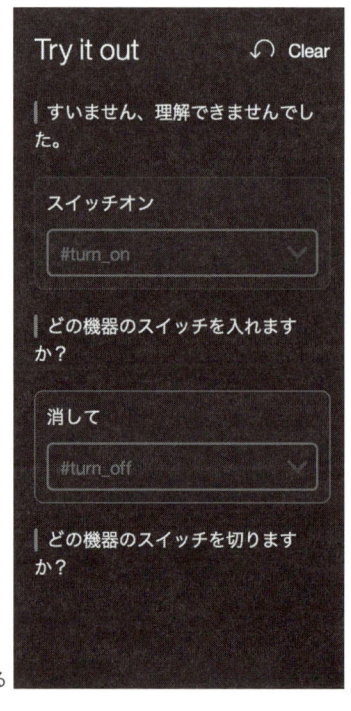

図8.32 正しく分類されている

では次に、何の機器のスイッチを切り替えたいかをユーザーに入力させ、それを取得できるようにしましょう。

　[Intent] タブの横の [Entities] タブをクリックしてください。

　エンティティは「テレビを○○する」「エアコンを○○する」「音楽を○○する」というような、対象を表します。

　[Create new] ボタンをクリックし、図8.33のようにエンティティを作成してください。

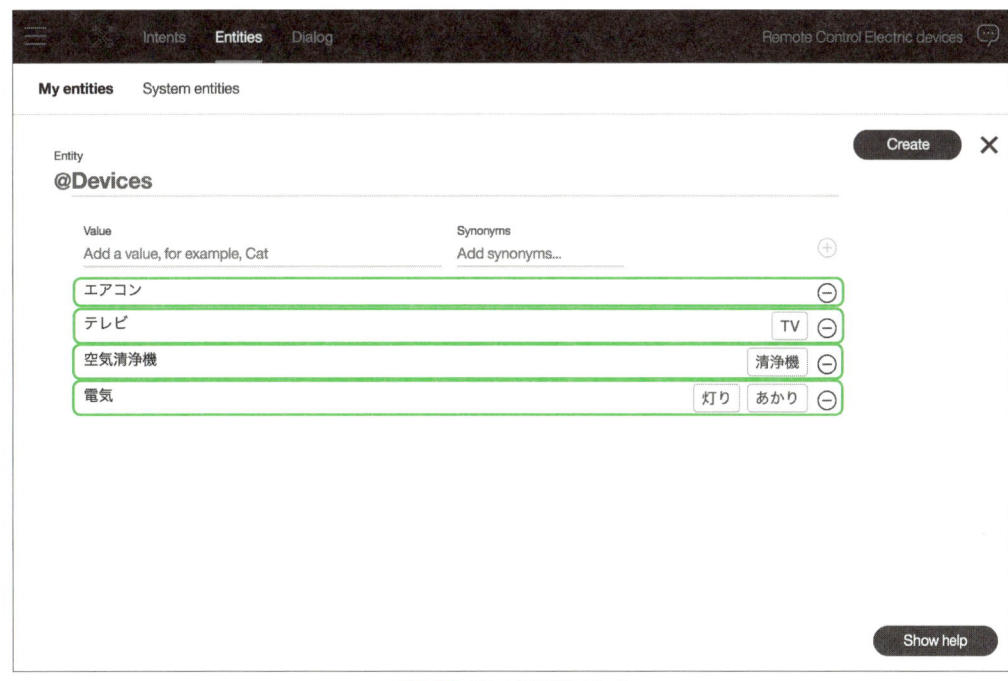

図8.33　正しく分類されている

　[Value] には対象を入力、[Synonyms] には類義語を入力します。

　では、ユーザーの意図が機器の操作だった場合にはどの機器が対象なのかを入力させ、それを分類します。

[Dialog] タブに戻り、会話turn_onの横の ［+］ ボタンをクリックしてください。

今回のトリガーはエンティティですので、Triggered by エリアには「@」と入力し、表示された候補の中から「@Devices」を選択します（図8.34）。

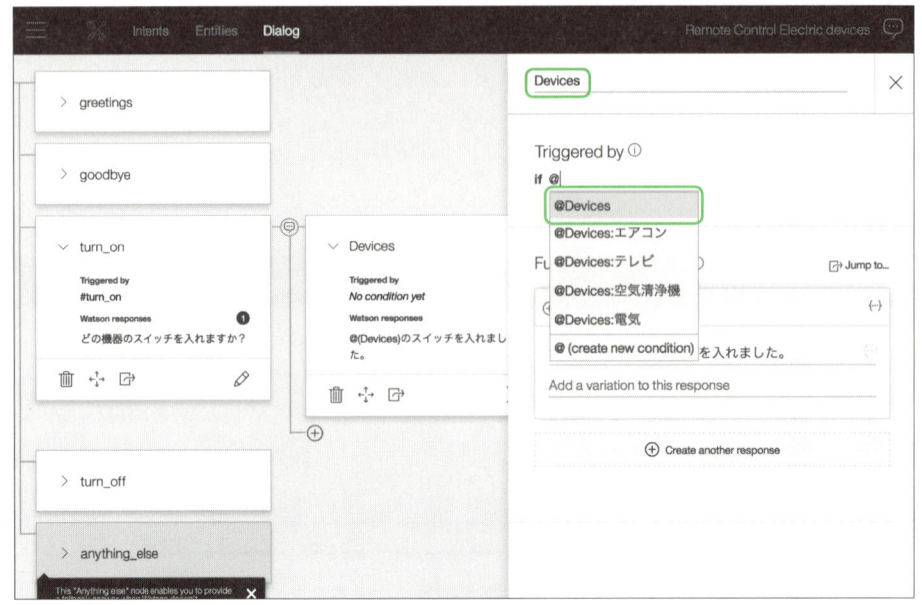

図8.34 会話の作成

続いてレスポンスを入力します（図8.35）。

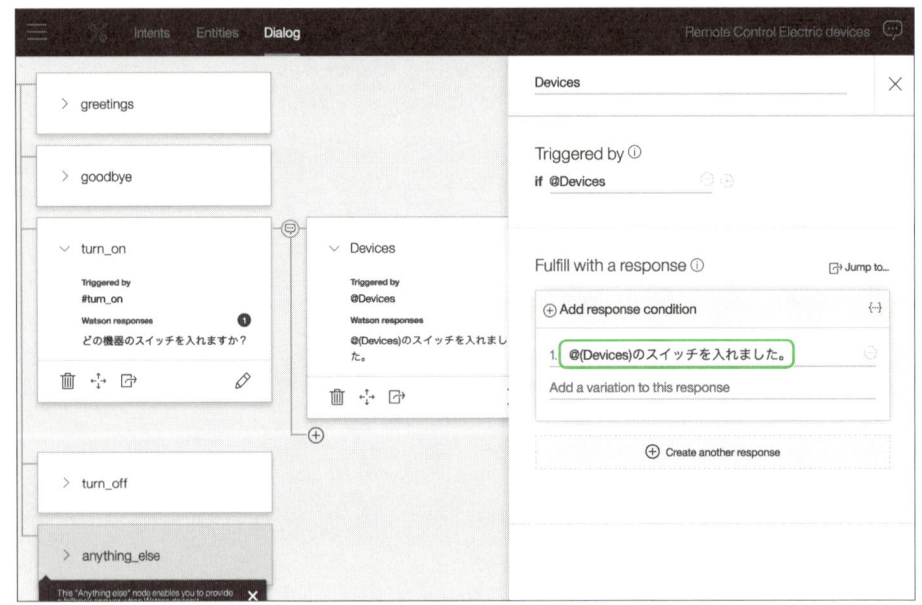

図8.35 レスポンスを入力

@（エンティティ名）の形で入力すると、ユーザーの入力がエンティティに一致した場合に自動的にその名前に入れ替えてくれます。

ではこれで動作確認してみましょう（図8.36）。ユーザーの意図と対象を順に正しく分類できています。

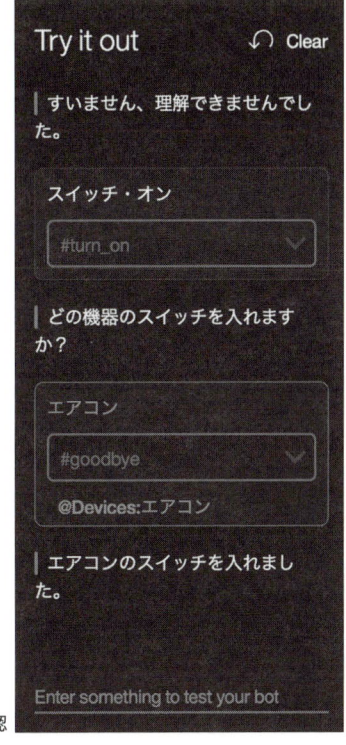

図8.36 動作確認

　第1階層にはDevicesのエンティティをトリガーとする会話がないのに「エアコン」という言葉を正しく分類できました。Conversationが最初の発言を第1階層の会話turn_onに分類し、次の入力は第1階層をスキップし第2階層をチェックしていることがわかります。

　このように、Conversationは分類したインテントの下に階層があれば、次の入力は次の階層からチェックします。つまり、会話が現在どこまで進んだかを保存しており、それを次回以降の会話にも利用しているのです。
　これにより、複雑な会話が実現できます。

　ここで疑問です。階層を順に踏んでいく会話ができるのはわかりましたが、インテントとエンティティを同時に分類できればより便利ですよね？

そういう場合には、図8.37のようにジャンプボタンをクリックし、図8.38のようにジャンプ先を設定しましょう。

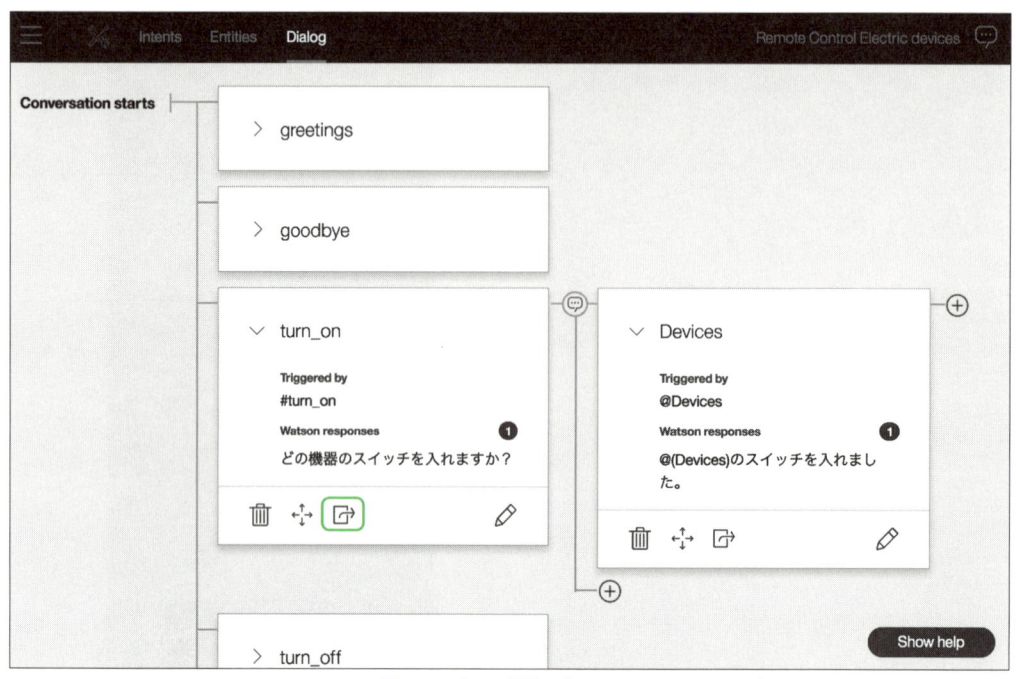

図8.37 ジャンプボタンをクリック

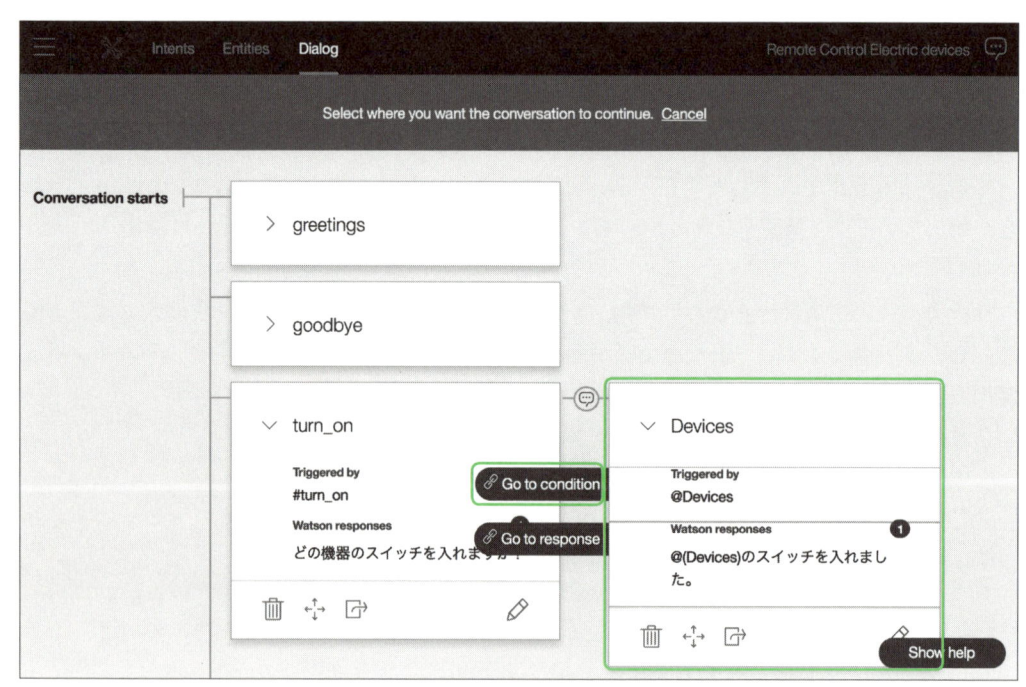

図8.38 ジャンプ先と「Go to condition」をクリック

これで会話turn_onに分類されたテキストは自動的に会話Devicesのトリガーも同時に満たしているかチェックされます。

　動作確認をしてみましょう（図8.39）。

　一度の入力で2つの会話を経て正しい意図と対象に分類されたことが確認できました。

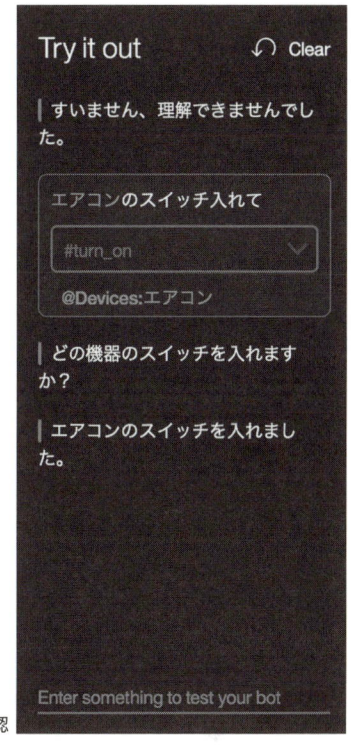

図8.39　会話turn_onの動作確認

　会話turn_offも同様に設定してください。

　では最後に、対象の機器を「強める」「弱める」ことを行うインテントとダイアログを作成しましょう。

図8.40、図8.41のような2つのインテントを作成してください。

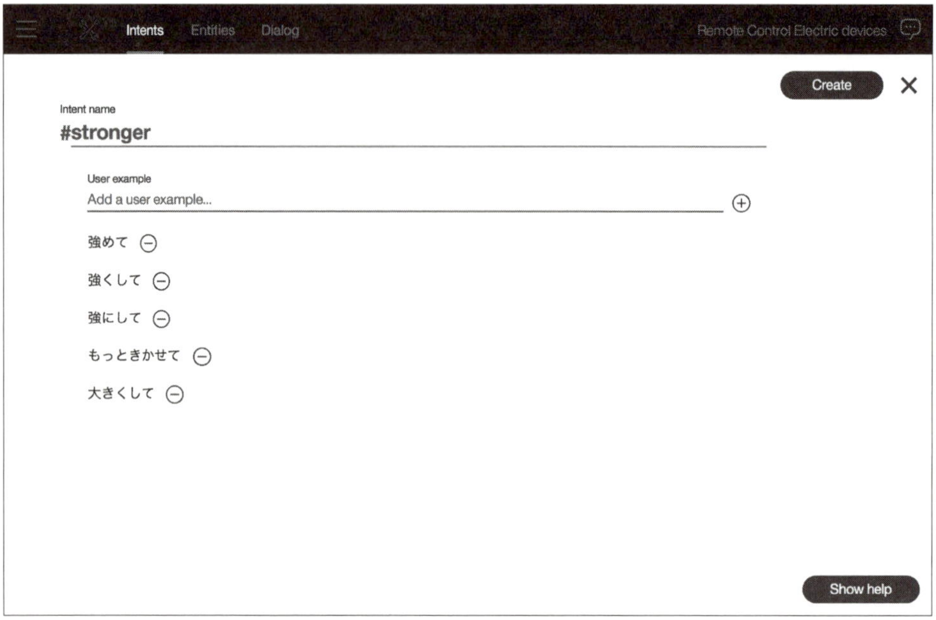

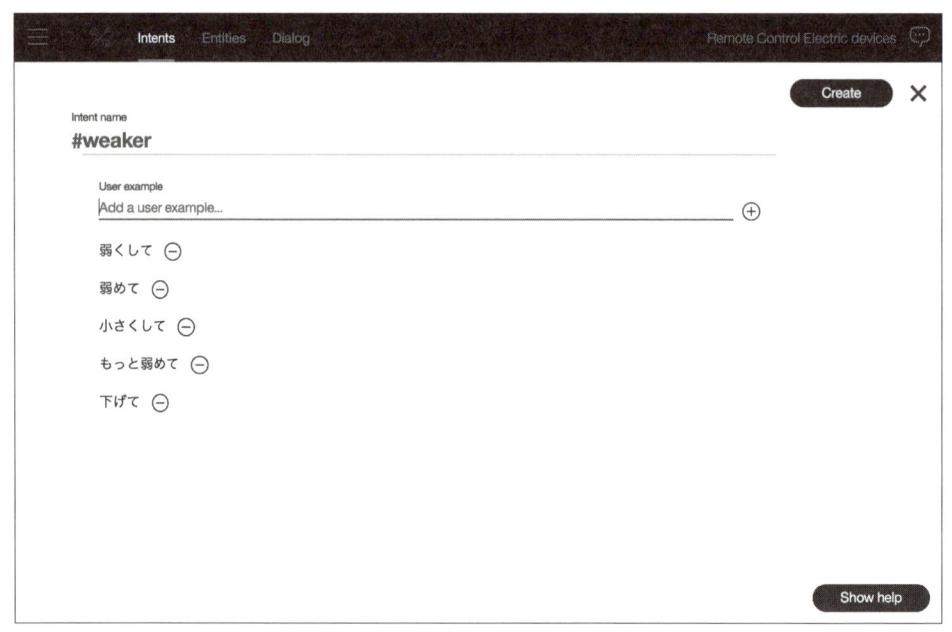

図8.40 強めるインテント

図8.41 弱めるインテント

［Dialog］タブに戻り、第1階層にインテントを、次の階層にエンティティを図8.42のように設定してください。

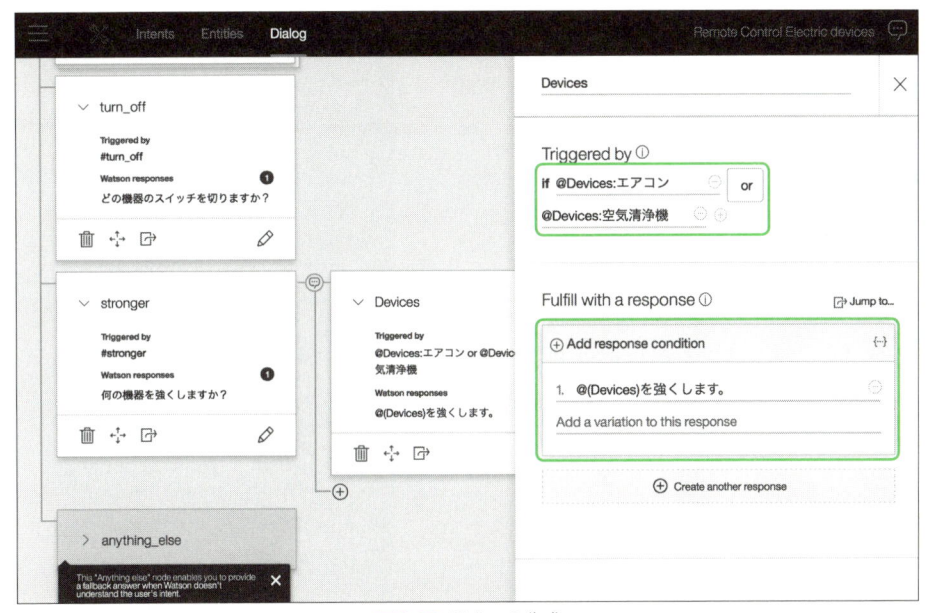

図8.42 Dialogの作成

　エンティティの一部に合致させたければエンティティ名を「or」でつなぎます。この場合はエアコンか空気清浄機が指定された場合にのみ、この会話に分類されます。

　ただこの場合はテレビと電気を取りこぼしてしまうため、合致しなかった場合の会話を追加します。第2階層、会話Devicesの下の［+］ボタンをクリックし、図8.43のように会話を追加してください。

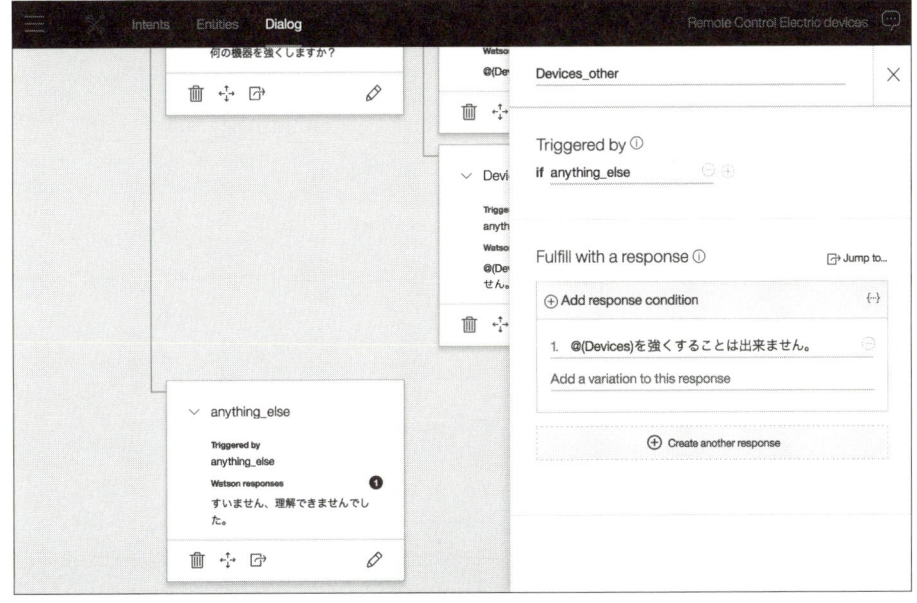

図8.43 会話を追加する

これで取りこぼしもなくなりました。

　スイッチオンの時と同様に第1階層と第2階層の会話Devicesをジャンプボタンで接続してから、動作検証してみましょう（図8.44）。

　対応する機器のみ入力を受け付け、そうでない場合は会話anything_elseに分類されていることがわかります。

　弱めるインテントも同様に設定してください。

　Conversationではこの他にスクリプトを書いて制御させることもできるのですが、長くなるので省略します。

　これで対話ができるボットができたので、次はLINE BOTと接続してみましょう。

図8.44　動作確認

8.2 BOTに接続しよう

本節では、APIを通じて、ブラウザで作成したWatson ConversationをBOTと接続し、LINEを通じて会話ができるよう実装します。PHP用のSDKはないので、REST APIを利用しましょう。

8.2.1 プロジェクトの準備

いつものように新規プロジェクトを作り、Chapter 3で作成したひな型をコピーします。

Chapter 5を参考にPostgresアドオンをインストールし、ターミナルから拡張モジュールをインストールしたあと以下のコマンドでテーブルを作成します。

```
create table conversations(userid bytea, conversation_id text,
                           dialog_node text);
```

ダイアログを正常に機能させるには前回までの会話を引き継いだデータが必要なため、それらをユーザーごとに保存するテーブルです。

次に、APIにアクセスするために必要なConversationサービスのユーザー名、パスワード、ワークスペースIDを取得しましょう。

以下のURLからIBM Bluemixにログインし、作成したConversationサービス、「サービス資格情報」タブ、「資格情報の表示」とクリックし、usernameとpasswordを控えておきます（図8.45）。

URL https://console.ng.bluemix.net/

図8.45 ユーザー名とパスワード

　なお、このページにサービスへのリンクがなく、せっかく作ったワークスペースの場所がわからなくなってしまうことがあります。その際は落ち着いて、先ほど作成したワークスペースのタブを開きエクスポートしたものを、新たに作成したConversationサービスにインポートしましょう。

　次に、以下のURLからConversationサービスの管理画面にアクセスし、該当するワークスペースの［View Details］をクリックしてワークスペースのIDを取得します（図8.46、図8.47）。

URL https://www.ibmwatsonconversation.com/

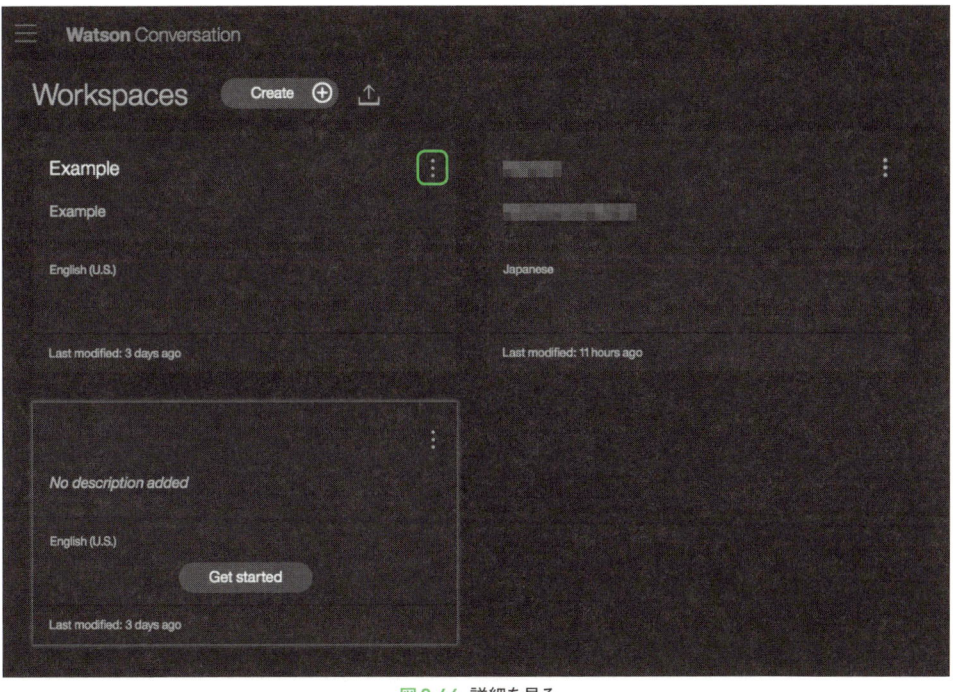

図8.46 詳細を見る

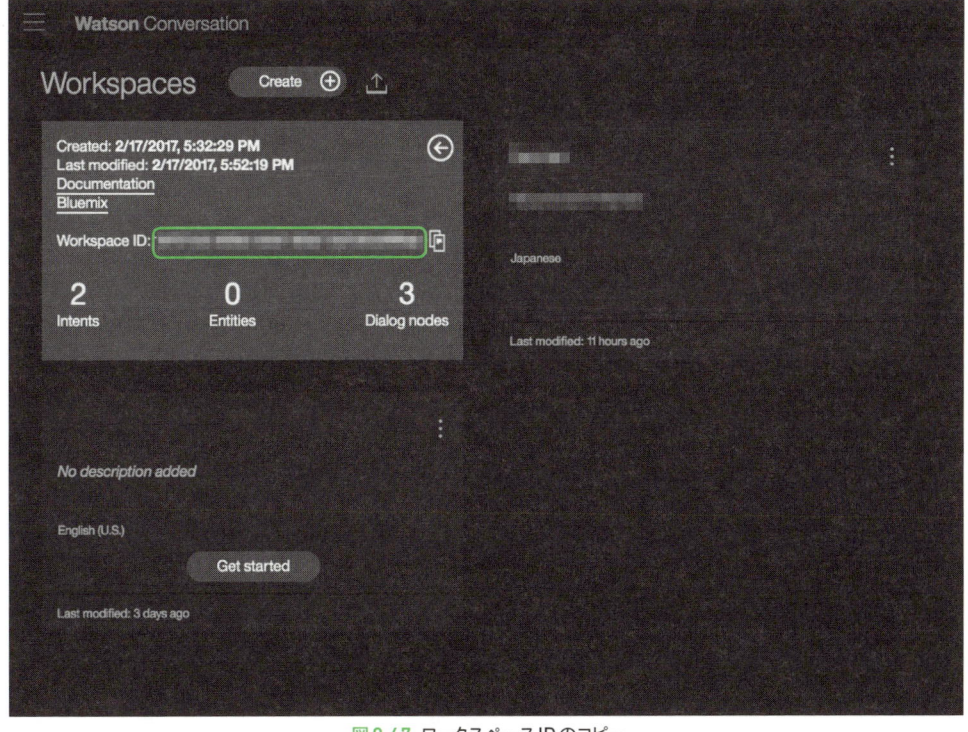

図8.47 ワークスペースIDのコピー

では取得した内容を、Herokuの管理画面から環境変数に登録しましょう（図8.48）。

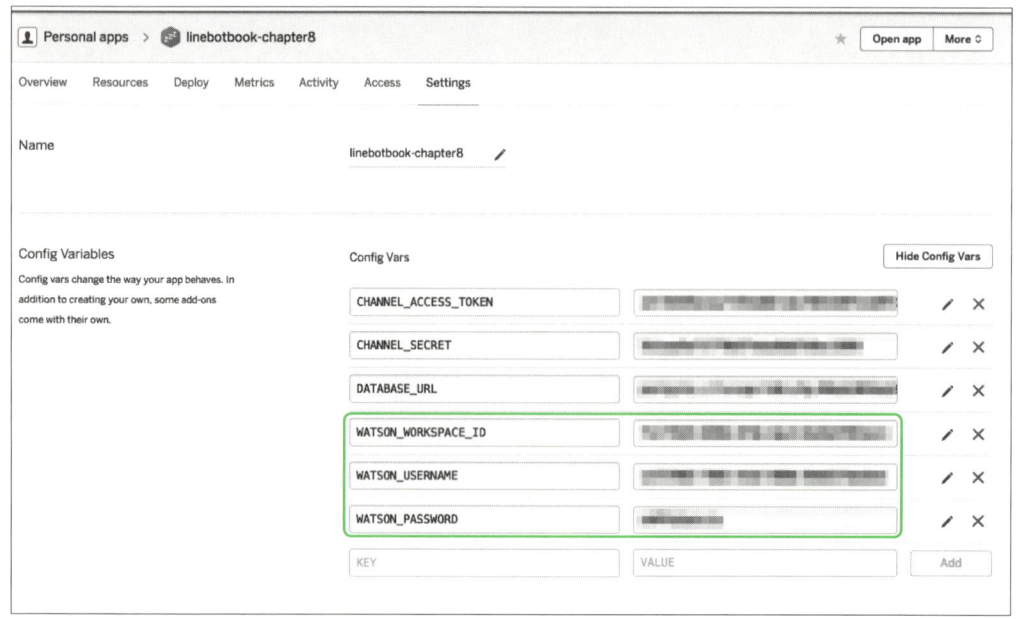

図8.48 環境変数の設定

これで準備が完了しました。

8.2.2 BOTとの接続

では、index.phpを変更し、BOTとConversationを接続してみましょう。

```php
require_once __DIR__ . '/vendor/autoload.php';
// テーブル名を定義
define('TABLE_NAME_CONVERSATIONS', 'conversations');
.
.
  $bot->replyText($event->getReplyToken(), $event->getText());

  // パラメータ
  $data = array('input' => array("text" => $event->getText()));

  // 前回までの会話のデータがデータベースに保存されていれば
  if(getLastConversationData($event->getUserId()) !== PDO::PARAM_NULL) {
    $lastConversationData = getLastConversationData($event->getUserId());
```

```php
    // 前回までの会話のデータをパラメータに追加
    $data["context"] = array("conversation_id" => $lastConversationData[
                            ↳"conversation_id"],
        "system" => array("dialog_stack" => array(array("dialog_node" =>
                            ↳ $lastConversationData["dialog_node"])),
        "dialog_turn_counter" => 1,
        "dialog_request_counter" => 1));
}

// ConversationサービスのREST API
$url = 'https://gateway.watsonplatform.net/conversation/api/v1/
                            ↳workspaces/' . getenv('WATSON_WORKSPACE_ID') .
                            ↳ '/message?version=2016-09-20';
// 新規セッションを初期化
$curl = curl_init($url);

// オプション
$options = array(
    // コンテンツタイプ
    CURLOPT_HTTPHEADER => array(
        'Content-Type: application/json',
    ),
    // 認証用
    CURLOPT_USERPWD => getenv('WATSON_USERNAME') . ':' . getenv(
                            ↳'WATSON_PASSWORD'),
    // POST
    CURLOPT_POST => true,
    // 内容
    CURLOPT_POSTFIELDS => json_encode($data),
    // curl_exec時にbooleanでなく取得結果を返す
    CURLOPT_RETURNTRANSFER => true,
);

// オプションを適用
curl_setopt_array($curl, $options);
// セッションを実行し結果を取得
$jsonString = curl_exec($curl);
// 文字列を連想配列に変換
$json = json_decode($jsonString, true);

// 会話データを取得
$conversationId = $json["context"]["conversation_id"];
$dialogNode = $json["context"]["system"]["dialog_stack"][0][
                            ↳"dialog_node"];
```

```php
    // データベースに保存
    $conversationData = array('conversation_id' => $conversationId,
                              'dialog_node' => $dialogNode);
    setLastConversationData($event->getUserId(), $conversationData);

    // Conversationからの返答を取得
    $outputText = $json['output']['text'][count($json['output']['text']) - 1];

    // ユーザーに返信
    replyTextMessage($bot, $event->getReplyToken(), $outputText);
}
    .
    .
    .

// 会話データをデータベースに保存
function setLastConversationData($userId, $lastConversationData) {
  $conversationId = $lastConversationData['conversation_id'];
  $dialogNode = $lastConversationData['dialog_node'];

  if(getLastConversationData($userId) === PDO::PARAM_NULL) {
    $dbh = dbConnection::getConnection();
    $sql = 'insert into ' . TABLE_NAME_CONVERSATIONS . ' (conversation_id,
                  dialog_node, userid) values (?, ?,
                  pgp_sym_encrypt(?, \'' . getenv(
                  'DB_ENCRYPT_PASS') . '\'))';
    $sth = $dbh->prepare($sql);
    $sth->execute(array($conversationId, $dialogNode, $userId));
  } else {
    $dbh = dbConnection::getConnection();
    $sql = 'update ' . TABLE_NAME_CONVERSATIONS . ' set conversation_id =
                  ?, dialog_node = ? where ? =
                  pgp_sym_decrypt(userid, \'' . getenv(
                  'DB_ENCRYPT_PASS') . '\')';
    $sth = $dbh->prepare($sql);
    $sth->execute(array($conversationId, $dialogNode, $userId));
  }
}

// データベースから会話データを取得
function getLastConversationData($userId) {
  $dbh = dbConnection::getConnection();
```

```php
    $sql = 'select conversation_id, dialog_node from ' .
                        ↳ TABLE_NAME_CONVERSATIONS . ' where ? =
                        ↳ pgp_sym_decrypt(userid, \'' . getenv(
                        ↳'DB_ENCRYPT_PASS') . '\')';
    $sth = $dbh->prepare($sql);
    $sth->execute(array($userId));
    if (!($row = $sth->fetch())) {
        return PDO::PARAM_NULL;
    } else {
        return array('conversation_id' => $row['conversation_id'],
                        ↳ 'dialog_node' => $row['dialog_node']);
    }
}
    ・
    ・
    ・
// データベースへの接続を管理するクラス
class dbConnection {
    // インスタンス
    protected static $db;
    // コンストラクタ
    private function __construct() {

        try {
            // 環境変数からデータベースへの接続情報を取得し
            $url = parse_url(getenv('DATABASE_URL'));
            // データソース
            $dsn = sprintf('pgsql:host=%s;dbname=%s', $url['host'], substr(
                        ↳$url['path'], 1));
            // 接続を確立
            self::$db = new PDO($dsn, $url['user'], $url['pass']);
            // エラー時例外を投げるように設定
            self::$db->setAttribute( PDO::ATTR_ERRMODE, PDO::ERRMODE_EXCEPTION );
        }
        catch (PDOException $e) {
            echo 'Connection Error: ' . $e->getMessage();
        }
    }

    // シングルトン。存在しない場合のみインスタンス化
    public static function getConnection() {
        if (!self::$db) {
            new dbConnection();
        }
```

```
    return self::$db;
  }
}

?>
```

前述の通り PHP 用の SDK は存在しないため、REST API を curl でたたく形を取ります。

戻り値は $output->text にトップからたどった順に配列に格納された形で返されますので、最後の値を取得し返答しましょう。

また、会話のデータを次回以降にも受け継ぐため、conversation_id、dialog_node をつどデータベースに記録し、次回以降は存在すればそれをリクエストに含めるようにしています。

ではデプロイして呼びかけてみましょう。ブラウザと同じように会話ができることが確認できます（図8.49）。

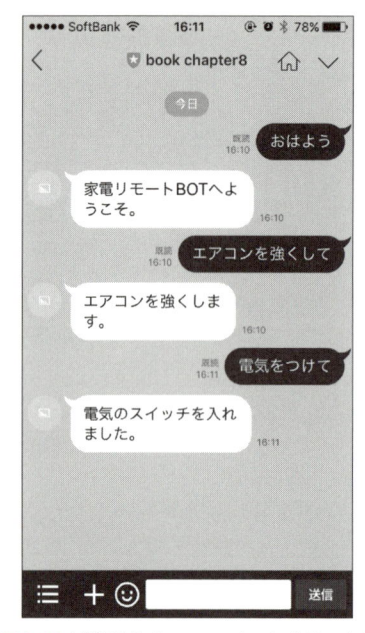

図8.49 LINE から Conversation に接続できた

インテント、エンティティ、ダイアログの開発に手間はかかりますが、言葉が少し違っても正しいインテントに分類してくれたり、学習機能もあったりと Watson Conversation は会話 API として優秀です。

ぜひ使ってみてください。

特集

LINE BOT AWARDS
関連インタビュー

2017年3月18日に行われた、LINE BOT AWARDS授賞式。
その会場に登壇した開発者の皆さまに編集部がインタビューを行いました。

ここからは、IoTから音楽のリコメンドサービスまで、
さまざまなBOT開発の事例をご紹介します！

1.Checkun 2.雪山Bot with LINE Beacon 3.シャクレ
4.りょボット 5.「みんなの音楽コンシェルジュ」APOLO 6.母ロボ

Interview Checkun

チーム Checkun

2017年1月に開催された「LINE BOT AWARDS　公式ハッカソン東京」で結成されたチーム。プロデューサー1名、デザイナー1名、エンジニア2名というきわめてバランスのとれた4名で結成された。学生から社会人まで職はバラバラ。それぞれの時間の合間をぬい、作業を進めた。

「Checkun」
URL http://checkun.accountant/

1　本作の概要

　「Checkun（チェックン）」は、グループ旅行やイベントの面倒な精算作業を助けてくれるBOTです。

　このBOTの特徴は、単純に人数で割り勘を計算してくれるだけでなく、個別で立て替えていたり、人によって支払う金額が異なったりするといった面倒な支払いの問題を解決してくれる点にあります。

　使い方は簡単で、LINEグループにBOTの「Checkun」を招待し、立て替えたメンバーがそれぞれ支払い登録を行います。登録後に［精算］ボタンを押すと、立て替え金額を考慮した精算結果がグループトークに共有されます。また、男女で支払う金額が違う場合など、参加した人ごとに支払金額を設定できる機能なども搭載されています。

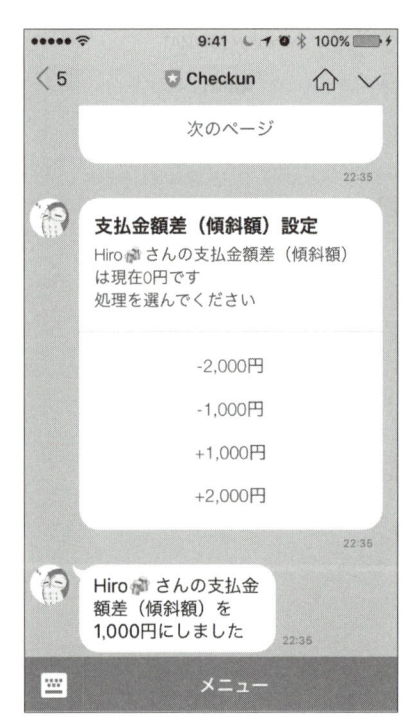

LINE画面

2 企画時のポイント

　Checkunは、グループで旅行やホームパーティなどのイベントをよく行うような学生のほか、独身で30代ぐらいの男女を想定して開発しました。グループ旅行のあと、会計担当は一人仲間の輪から外れて精算作業をしているのを見て、面倒な清算の時間も仲間と過ごす時間にあててほしいと思ったのが開発のきっかけです。

　開発に当たっては、とにかくユーザー視点を意識しました。実際に、想定したユーザーの方々に使ってもらい、そこから出た意見に対して改善していくという検証作業を根気よく何度も繰り返しました。

3 実装時のポイント

　開発期間は約2カ月です。LINE Messaging API のすべての機能が使える Python用SDK が用意されていたので、開発は非常に楽でした。Imagemap Messageの機能を駆使した電卓入力は、Checkunの特徴の1つでもあります。

　HerokuでBOTサーバーを動かしていますが、サーバーが停止するとデータが消えてしまうため、Herokuでのデータの取り扱いには苦労しました。また、Checkunには支払ったレシートを撮影すると、自動認識して金額を登録してくれる機能がありますが、この画像認識には「Google Cloud Vision API」を利用しました。DBや画像データはAWS S3に保存しています。

電卓入力

4 今後のBOTに期待すること

　Checkunが目指すのは「会計係のいない世界」であり、あたかも現実の会計係としてグループの一員に溶け込むような存在にしていけたらと思っています。

　本当はLINE PAYやPayPalのAPIを使用した個人間決済機能を搭載したかったのですが、現時点では対応しているAPIがなく、今回は実現できませんでした。これからも決済機能の実現に向け、仲間と資金を募集していますので、応援をよろしくお願いいたします。

　これからの時代、BOTは「より人間らしい」役割、BOTという言葉が外れるような人間の代替となることを期待しています。

Interview 雪山 Bot with LINE Beacon

チーム Pizayanz

2017年1月開催の「LINE BOT AWARDS
公式ハッカソン東京」で結成。プログラマーの
久田智之氏、佐田幸宏氏、かみやしんぺい
氏、デザインとイラストを担当した坂下恵理
子氏による4人のチームリーダーの久田氏の
もと、アイデアマンを佐田氏が務め、スノー
ボーダーであるかみや氏の経験を生かした。
LINE Bot のプロトタイプのご相談があれば、
お気軽に Pizayanz まで。

「Pizayanz」 URL http://pizayanz.club/

1　本作の概要

　ゲレンデでの「会えない」を解決し、「会いたい」
をかなえる BOT です。ゲレンデで仲間とはぐれて
しまった際、「雪山 Bot」があれば、誰がどこにいる
のか、常に把握することができるようになります。

　ゲレンデ内でよく通るリフト乗り場やレストラン
などに LINE Beacon を設置しておけば、グループ
メンバーがその地点を通過するたびに、雪山 Bot が
自動投稿して教えてくれます。投稿には通過した場
所のリンクも貼られていて、URL をタップすると、
ゲレンデマップが開きます。また、時刻も履歴を見
れば確認できるため、はぐれてしまった仲間を広い
ゲレンデでもとても探しやすいシステムになってい
ます。

LINE 画面

2 　企画時のポイント

　自分が欲しいサービスを作ってみました。以前、ゲレンデではぐれた友だちを探すガジェットを試したことがありましたが、全員が専用デバイスを購入する必要があり、ハードルが高く現実的ではないと感じました。LINE BOTなら全員がスマホを持っているだけで実現可能なため、そこに可能性を感じて挑戦してみました。ゲレンデに行くメンバーでLINEグループを作り、「雪山Bot」を招待するだけのシームレスでお手軽な点もポイントです。

3 　実装時のポイント

　実装では、いかにシームレスにBOTを使いたくなるか、使いやすくなるかにこだわりました。また、BOTの性格や言葉遣いにも気を配っています。

　BOT開発においては、Webサービスと比較すると画面を構成する要素が少ないため、見た目のUIは作りやすかったです。AWS EC2　で、Nginx、PHP（Fast CGI）、MariaDB、Redis、Node.js を動かしています。

　一方で、iOSでのLINE Beaconの動きが不安定で、実証実験ではかなり苦労しました。そのかいもあって、LINE Beaconを最大限に生かせるシチュエーションを改めて発見することができました。それは、ハンズフリーであること、次にPull型ではなくPush型、そしてシームレスな利用体験の3つです。ゲレンデで利用する「雪山Bot」は、電話やメールで位置を確認しなくても、次々と仲間の場所が配信され、最初の導入も簡単と、まさにLINE Beaconの特性を生かしたものになったと思います。

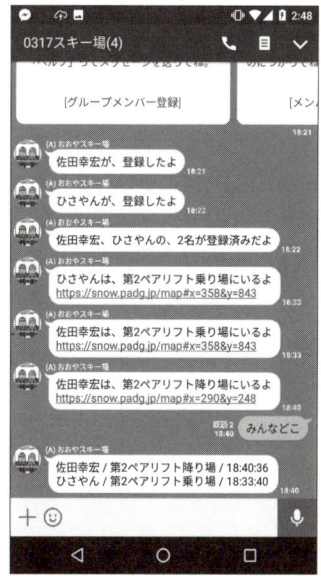

Push型で位置情報が送られてくる

4 　今後のBOTに期待すること

　「雪山Bot」は、フェス系のイベントに応用して使えるとのご意見を多数いただいております。関係者さまからの実験協力もお待ちしています。

　また、LINE Beacon を用いたBOTシステム構成については、今回はグローバルBOTとローカルBOTを組み合わせたつくりにしています。普通に実装するとBOTは1種類で作り、利用者にしても意識するBOTが1種類のほうがベターとも思えるのですが、将来的なマーケットの広がりを想像した場合、この「グローカル」な構成がベストだと確信しています。

　「雪山Bot」以外でも、LINE Beaconを活用したBOTは、グローカルな構成での展開が増えるのではないかと予測しています。そうなればわれわれがそのグローカル構成を考えた（発明した）最初のチームと言い張らせていただきます。

Interview シャクレ

シャクレ製作委員会

委員会といっても、実はスタッフはプログラマーの若狭正生氏のみ。若狭氏は、日本オープン・ウェブ・アソシエーション理事や、一般社団法人T.M.C.N理事などをITコミュニティ運営で活動している。世界防災・減災ハッカソン「Race for Resilience 2016 熊本」などエンジニアイベントの企画や運営なども行っている。

「若狭企画」 URL http://wakasa.org/

1 本作の概要

　イベントなどで写真を共有することに特化した、「写真くれくれサービス」が「シャクレ」です。「講演会でスライドが変わるたびに皆が撮影するので、シャッター音がうるさい」、「集合写真を複数のスマホで撮ると、時間がかかってたいへん」といった時などに「シャクレ」を使えば、その場にいる人たちで写真を即共有することができます。

　複数のLINE Beaconを組み合わせて送信するエリアを指定し、講演しているスライドをリアルタイムでサーバー側からPUSH配信できるほか、ユーザーからもReply形式で画像を配布することが可能です。

　また、QRコードを発行し、相手にダイレクトに画像を送るといった機能もあります。相手のLINEのアカウントを知らなくても写真を気軽に送ることができるため、飲み会などでも重宝します。

LINE画面

2　企画時のポイント

　「シャクレ」は、これまでコミュニティイベントの運営を行ってきた自分が、参加者やスタッフなどから見聞きした実体験をもとに、さまざまな不満を解消するために作ったサービスです。シャクレを使うことにより、講演で今映ってるプロジェクターの絵を参加者の手元に即配布したり、集合写真をその場の欲しい人に配布したりできるため、イベントスタッフ、登壇者、参加者の3者にそれぞれ便利なサービスになっています。手元のスマホにスライドが届くため、撮影をしなくても講演を集中して聞くことができ、講演のあとで内容をじっくり確認することも可能です。

3　実装時のポイント

　「シャクレ」のポイントは、最低2万円ぐらいの機材で運用が可能なこと、運営側に大きな負荷なく、会場の全員にスライドをそのまま提供できることです。さらに、月額の費用が高いPushの契約を行わなくても、手軽に利用になるように設計されています。会場の参加者に向けて、同時通訳や昼食のアナウンスなども簡単に行えるため、講演以外のシーンでも活用が可能です。

　「シャクレ」の開発は、PHPとJavaScriptで行いました。UIはサーバー側のプログラムだけでしたので、作りたいもののイメージで簡単に作ることができました。開発に当たっては、Push送信ではなくReply送信でもきちんと動くように想定しています。また、画像配信に今回はBeaconを活用しましたが、Beaconを受けた時の挙動がOSによって違うため、手探りで動きを見ていきました。

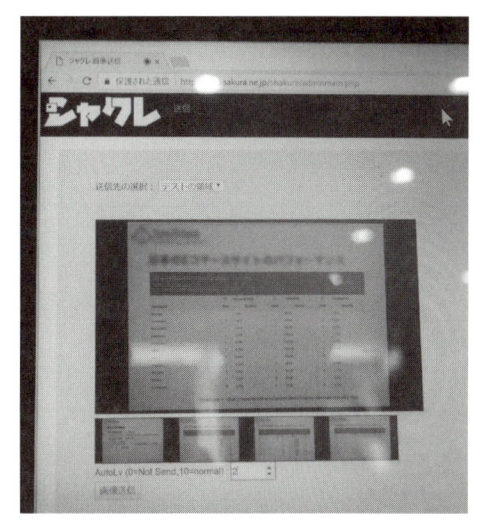

PC側の動作画面

　今回は、会場のみでアクセスが少ないため、さくらインターネットの月額515円のサーバーを利用していました。

4　今後のBOTに期待すること

　BOTは、送ってくるものが人なのかどうかわからないからこそ、感覚としては、通常のサービスとは違うサービスになると思います。

　「シャクレ」では、画像の投稿スパムなどをフィルターするような制限の機能なども搭載できればと思っています。イベント会場で、このサービスを見たら、ぜひ使ってみてください。

りょボット

つくるラボ

「つくるラボ」は、会社の枠を超えた60人以上の個性的なメンバーで構成された有志チーム。本作はBOTへの興味があるメンバー5名によって作成された。本作を含む様々なプロジェクトを以下のFacebookページで公開中。

「つくるラボ」　URL　https://www.facebook.com/tsukurulab.team/

---

1 **本作の概要**

　「りょボット」は、リアルタイムで旅するLINE BOTです。「トラべぇ」というキャラクターが、旅に出られないユーザーの代わりにGoogle Map上の仮想空間を移動しながら道中の様子を届けます。昔はよく旅に行っていたけれど今は忙しくて旅に出られない、旅は面白そうだけど勇気がなくてそこまで思い切れない。そんな旅好きな皆さんがターゲットです。

　トラべぇは、現実と同じ時間軸で動いているので、「いまどこ？」と聞くと、今いる場所を写真と地図と一緒に教えてくれます。その中で、ユーザーの皆さんが新たな発見や驚きを得られればと考えています。

LINE画面

2　企画時のポイント

　他のBOTでは味わえない「驚き」を提供したいと思ってアイデア出しを行いました。メンバーに旅好きが多かったこともあって、「BOTが実際に旅をしたら面白いんじゃないか」という一言によって本作のコンセプトが決まりました。

　りょボットでは、他の「実際に役に立つBOT」とは違い、「かわいい」「新しい発見」という点を大切に、「BOTと友達になれるような感覚」を提供したいと考えました。その点については賛否両論がありますが、「かわいいからついつい見てしまう」「自分の家の近くにくるのが楽しい」などの意見もいただいています。

3　実装時のポイント

　りょボットはNode.jsで実装しています。DBにはDynamoDB（NoSQL）を使っています。

　LINE BOTは、さまざまな言語のSDKが用意されており、また利用者が多いLINEのフレームワークということで、開発に関する情報がインターネット上に多く存在し、非常に助けられました。また、メッセージ／画像／位置情報／カルーセルなどの通知の種類が多く、便利でした。

　ホーム画面への投稿など、既存のプラットフォームを生かした通知はLINE@Managerで行っています。

　旅行の経路はGoogle MapのAPIを利用しており、道中の写真はGoogle Street View APIで取得しています。他にもランドマークの検索はYahoo!ロケーションサーチAPIを、感情解析などにはメタデータ社のAPIを利用しています。また、サーバーにはHerokuやAWSを利用しています。

旅行道中の様子

4　今後のBOTに期待すること

　画面の向こう側に本当にそのキャラクターがいるように感じられるくらい、パーソナルAIの技術が発展すれば素晴らしいと思います。チャットインターフェースのBOTは、いずれ音声応答に代わってゆくかもしれませんが、チャットでしか表現できないよさというものもあると感じています。

「みんなの音楽コンシェルジュ」APOLO

Interview

APOLOチーム

APOLOチームは、早稲田大学と東京大学にそれぞれ在籍する大学生チーム。アプリ開発担当のプログラマー2人と、自然言語処理を担当するエンジニア、デザイナーの計4人で「APOLO」を製作。他の大人がやらないサービスへの挑戦として、音楽をテーマにした新しい形のサービス開発をスタート。渋谷にいる高校生たちにヒアリングを行い、企画を練っていった。

「APOLO」 URL http://apolochat.com/

1 本作の概要

　今の気分などから、おすすめの音楽を紹介してくれるBOT。宇宙服のかわいらしいキャラクター"ポアルン"とチャットをしながら、いつでもどこでも、すぐに自分に合った音楽を聴くことができます。また、ポアルンBOTをグループに追加することで、他の人と音楽について盛り上がったりすることができます。

　既存の音楽視聴サービスとは異なり、毎日決まった時間に新しい音楽ランキングが届く機能や、ポアルンとの会話の中から文脈を読み取って音楽をレコメンドする機能、LINEグループでチャットをしながら音楽が聴ける機能が備わっています。

　2015年に早稲田大学のアプリケーションコンテストで準優秀したサービスをブラッシュアップ、2017年2月に正式リリースを開始し、音楽好きの方に利用していただいています。

LINE画面
※編集部注：楽曲情報は画像処理しています

2 企画時のポイント

開発メンバーの「なかなか新しい音楽と出会えない」という悩みから、BOTなら新しい音楽との出会いをユーザーに届けることができるのではと考えました。

ターゲットは音楽好きの高校生を考えていたので、高校生にもわかりやすいユーザーフレンドリーな仕様とデザインを心がけ、BOTを使ったことのない人向けに、各所に説明を加えています。また、7種類の感情を分析するAPIを自作したことも、APOLOの大きなポイントです。ユーザーが入力したテキストを解析し感情を読み取ることで、その場にあった曲をレコメンドします。

友達と一緒に音楽を楽しむことができる共有機能を搭載し、チャットを起点とした今までにない新しい音楽との出会いを演出しています。

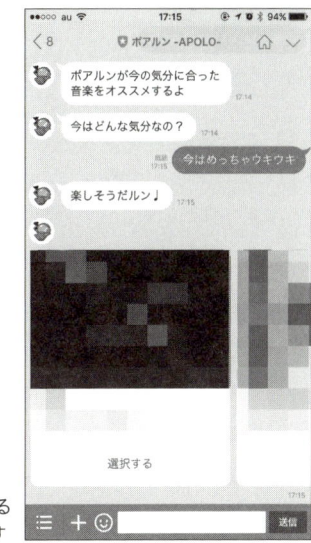

テキスト解析して楽曲をレコメンドする
※編集部注：楽曲情報は画像処理しています

3 実装時のポイント

LINE BOTは、主要なプログラミング言語の公式SDKがひととおり用意されているので、対話UI部分については作りやすかったです。アプリ開発にはPHP、感情分析やDBまわりのAPIにはPythonを使用しています。バックエンドについては、AWS（EC2、S3、Lambda、DynamoDB、RDS）を利用しました。また、ドコモが提供している「雑談対話API」も使っています。

LINEのMessaging APIの仕様で、メッセージを送る際に「postback」という次のメッセージにデータを持たせたい時に使うプロパティがあるのですが、400文字以内という制限文字数を超えてしまい、必要なデータを送れないケースがあり、この点は苦労しました。自分のお気に入りの曲を友達に贈ったり、音楽をバックグラウンド再生したりする機能も検討しましたが、LINEの仕様上不可能なため、それらの機能は実装できませんでした。

4 今後のBOTに期待すること

WeChatのミニプログラムのような、ダウンロード不要なアプリケーションとしての役割を期待しています。現状アプリでできていることが、LINE上で可能になれば、よりよくなると思います。

まだまだBOTは黎明期でできることも限られていますが、その特徴をしっかり捉えられれば、必ず使っていて面白いものができるのではないかと考え、今まで開発してきました。APOLOでは、今後もプラットフォーム側のさらなるアップデートに向けて、日々情報をキャッチアップし、実装していこうと思います。

Interview **母ロボ**

自由なくりえいたーず

18歳の高校生2人組チーム。本作は学校の放課後などの空き時間を使って製作した。

ハードウェア製作を担当の馬場氏は現在、「全日本学生室内飛行ロボットコンテスト」へ向けてマルチコプターを自作中。ソフトウェア製作を担当した木村氏は学校の"ロボコン部"に所属。「高専ロボコン」大会用の大型ロボットの制御回路を製作している。

「母ロボ」　URL　http:// linebot.web.fc2.com/

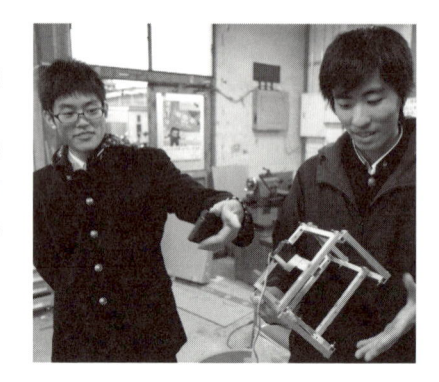

1　本作の概要

　ひとり暮らしの学生を心配する母親のために作ったという「母ロボ」は、BOTのメッセージにあわせて動く専用ロボットを組み合わせたユニークな作品です。LINEとロボットが連携することで、親子のコミュニケーションを手助けしてくれます。

　子どもはLINEを操作し、母親は人型の専用ロボットを使って、メッセージを送りあいます。コミュニケーションに特化したロボットは据え置き型で、おじぎしたり、ラジオ体操をしたりといったユニークな動作が可能です。子どもがLINEのトーク画面から「おじぎ」「くびふり」といった言葉を送信すると、ロボットがそれに対応したジェスチャーをとります。

　さらに、ロボットからもLINEへメッセージを送信できるほか、ロボットの台座部分にある液晶画面にLINEのメッセージを表示したり、遠隔で写真を撮影したりする機能なども用意されています。

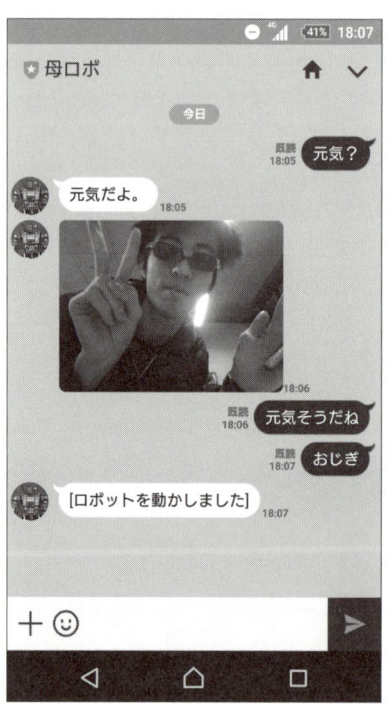

LINE画面

2　企画時のポイント

　2016年末に開催されたハッカソンでLINEから操作できる扇風機の開発に成功したことがきっかけで、その改良版に挑戦したのが「母ロボ」です。こだわりは「手作り感」。ロボット本体は、デザインからアルミ材の切り出し、やすりがけ、ボディの塗装、回路の設計、はんだ付けなど、すべてを手作業でした。夢中になりすぎて、時間と、お金と、学校の成績が危なくなりましたが……。

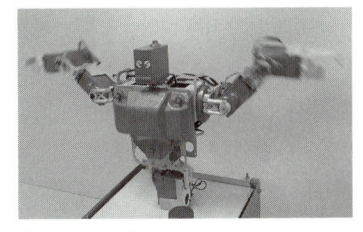
動作する母ロボ

3　実装時のポイント

　母ロボは、ロボット本体に小型コンピューター Raspberry Pi 3を内蔵させることにより、IoT化を実現しています。しかし、Raspberry Pi が直接 LINE Messaging API を扱っているわけではなく、レンタルサーバー「Heroku」を中継させています。
　製作に当たっては、通信速度と動作速度に気を配りました。特に、ロボットを制御する Raspberry Pi のプログラミングは大変でした。「Herokuサーバーとの通信」、「実行中のロボットの動作を途切れさせない」、「ロボットのダイヤルやスイッチの監視」といった複数の処理を行う必要があるためです。マイコンを複数台に増やし、マルチスレッドプログラミングをすることで、動作速度を維持しました。
　今回は母親向けに開発しましたが、LINE側からロボットの設定を変えたり、ソースコードを打ち込むことでプログラムを変更したりできるので、見守りロボットからプログラミング授業まで、さまざまな用途に活用できます。

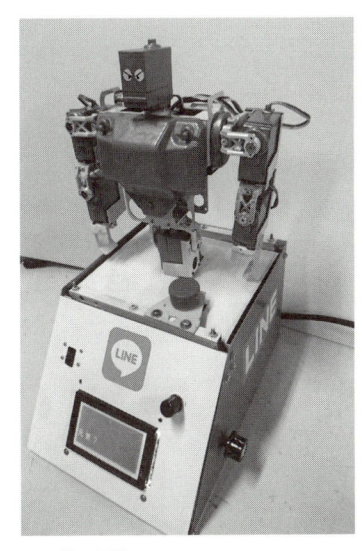
母ロボの全景

4　今後のBOTに期待すること

　現状のIoT分野では、人がモノに命令を出したり、モノを監視したりするのが主流です。しかし私たちはIoTとBOTが組み合わさることで、人とモノが「命令」や「監視」ではなく、「対話」できるようなサービスが生まれることを期待しています。例えば、ペットの首輪で鳴き声を日本語に翻訳したり、「スマートミラー」に姿を映すと今日のコーディネートの感想をくれたりするようなサービスです。
　他にも、家電が「今日は疲れた……」とか「最新機種に買い替えないでよー」といった言葉を発するといったサービスも期待しています。これらは生活を劇的に改善するわけではありませんが、人々の視野を広げるきっかけになればと思います。

　本書の執筆中、LINE BOT AWARDSが開催され、グランプリ選出のためのプレゼン大会となるFinal Stageに著者も観覧者として参加させていただきました。さまざまなカテゴリで多数の受賞者が発表されましたが、入賞を逃した作品も含め、どの作品も素晴らしい仕上がりで、見ていて久しぶりに興奮しました。今後もさまざまなカテゴリのBOTが登場し、人々の生活を変えていくことでしょう。

　iPhone ／ Androidアプリに早い時期から取り組み、成功して人生を変えた開発者はたくさんいます。本書が読者の皆さまの人生を変えるきっかけになれればうれしく思います。

　なお、筆者も十数個のLINE BOTを開発、公開しています。もし興味がありましたら以下のリンクからご覧ください。

URL https://note.mu/stachibana/

　近い将来、人工知能の進歩もあって、企業や既存のサービスがBOTに対応するようになるのは間違いありません。同じ機能を持つアプリとBOTを比べた時に、ユーザーがBOTを選ぶようになる日もそう遠くないでしょう。

　本書が皆さまのBOT開発に役立ち、人々の生活を変える、なくてはならないようなLINE BOTが世に出てくることを願っています。

著者

Index さくいん

A／B／C

Atom（エディタ） 18
AudioMessage 56
AudioMessageBuilder 56, 76
aura/session 181
BOT 3
Buttonsテンプレートメッセージ 60
ButtonTemplateBuilder 76
CarouselTemplateBuilder 77
Carouselテンプレートメッセージ 65
Channel Secret／Channel Access Token
.... 38, 41, 47
Composer 26, 28
　　　　設定ファイル 32
ConfirmTemplateBuilder 77
Confirmテンプレートメッセージ 63
CSRF対策 180

D／E／F

Developer Trial 35
Dropbox 16
　　　　同期 22
error_log 43
Facebook BOT for Messenger 4
file_get_contents 43

G／H／I／J

GDライブラリ 101
getAddress 86
getenv 48
getLatitude 86
getMessageContent 68
getProfile 69
getReplyToken 46
getText 67
getUserId 46
Goutte 80
Heroku 12
　　　　CLI 14
　　　　Postgresアドオン 111
　　　　Procfileの設定 25

　　　　アカウント作成 13
Heroku Scheduler 97
IBM Bluemix 195
imagecopy（GDライブラリ） 107
imagecopyresampled（GDライブラリ） 108
imagecreatefrompng（GDライブラリ） 106
imagecreatetruecolor（GDライブラリ） 108
imagedestroy（GDライブラリ） 107
Imagemap 100
ImagemapMessage 103
ImagemapMessageActionBuilder 103
ImagemapUriActionBuilder 104
ImageMessage 50
ImageMessageBuilder 50, 74
imagepng（GDライブラリ） 109
JSON 44

L／M／N

LINE BOT 4
　　　　デベロッパ 34
LINE BOT SDK 18, 26, 71
LINE Business Center 34, 39, 178
LINE Developers 41
LINE Login 39, 178
　　　　コールバックURL 185
LINE Messaging API 42
LINE Social REST API 185
LINE@ 35, 39
LINE@ Manager 40
LocationMessage 52, 85
LocationMessageBuilder 52, 75
MessageTemplateActionBuilder 62
MultiMessage 58
MultiMessageBuilder 58, 76
Nginx 25

P／Q／R

PaaS 12
PHP 12
　　　　5.6へのアップデート（Mac） 18
　　　　OpenSSLエラー対応（Windows） 30
　　　　インストール（Windows） 19
　　　　エディタ 18
php.ini 30
PHP_EOL 91
POST
　　　　値取得 43

リクエスト 12

PostbackTemplateActionBuilder 62

Postgres 111

    windowsへのインストール 112

    レコードの暗号化 113

Procfile (Heroku) 25, 71

Push API 45, 95

pushMessage 96

QRコード 38

Reply API 45

ReplyToken 46

S / T / U

Slack BOT 7

StickerMessage 54, 93

StickerMessageBuilder 54, 75, 93

TemplateMessageBuilder 60, 76

TextMessage 47

TextMessageBuilder 49, 50, 74

Twitter BOT 6

UriTemplateActionBuilder 62

V / W / X

VideoMessage 55

VideoMessageBuilder 55, 75

Watson Conversation 194

Webhook 12

XML 80

ア行

位置情報

    受信 85

    送信 52

インテント (Watson Conversation) 194, 201

エディタ 18

エンティティ (Watson Conversation) 194, 211

オーディオ

    送信 56

カ行

画像

    受信 67

    送信 50

環境変数 (Windows) 20

サ行

署名

    検証 72

スクリプト 12

スタンプ

    送信 54, 93

タ行

チャットUIと従来のUI 3

チャットボット (BOT) 2

データベース 111

テキスト

    受信 67

    送信 47

デプロイ 16, 23

テンプレート (リッチメッセージ) 59

動画

    送信 55

友だち追加

    あいさつ 139

ハ行

パス (Windows) 20

ビジネスアカウント 34

複数メッセージ

    送信 58

プロジェクトフォルダ 17

マ行

メッセージタイプ 73

ヤ行

ユーザーID 46

ユーザープロファイル

    受信 69

ラ行

リダイレクト 71, 105

リッチコンテンツ 132, 149

リッチメッセージ

    送信 59

リッチメニュー 132, 149

レスポンス (Watson Conversation) 194, 212

さくいん

Special Thanks

LINE BOT AWARDSに関しまして、以下の皆さまにインタビューのご協力をいただきました。

紙面の都合上、掲載できたものは一部になってしまいましたが、皆さまにはこの場を借りて心より御礼申し上げます。

株式会社翔泳社 編集部

「＆HAND」チーム＆HAND
https://andhand.themedia.jp/
・池之上 智子様
・タキザワケイタ様
・松尾 佳菜子様
・高橋 岳斗様
・牧田 和馬様
・清水 純平様
・久楽 英範様
・宮崎 了様
・村越 悟様
・加来 幸樹様
・香林 望様
・竹尾 梓様
・今井 洵様

「Lチカ」チームLチカ
・澤田 直樹様
・大原 香織様
・宮崎 淳様
・小川 博教様

「おとみどりちゃん（Sound Messenger）」
TeamSM
・佐竹 寛弥様
・杢谷 拓哉様
・松岡 和樹様
・橋口 拓也様

「シャクレ」シャクレ製作委員会
http://wakasa.org/
・若狭 正生様

「Spice Shelf」
・松村 悠様

「Checkun」チームCheckun
・田中 良典様
・文 光石様
・坪谷 海空様
・小川 博教様

「TechStylist」株式会社ベアシーズ
https://stylist.tech/
・會田 昌史様

「母ロボ」自由なくりえいたーず
http://linebot.web.fc2.com/
・馬場 晃志郎様
・木村 介人様

「『みんなの音楽コンシェルジュ』APOLO」
APOLO
http://apolochat.com/index.php
・岡野 健三様
・菊地 航様
・荒川 陸様
・豊田 恵二郎様

「雪山 Bot with LINE Beacon」
チーム Pizayanz
http://pizayanz.club/
・久田 智之様
・佐田 幸宏様
・かみや しんぺい様
・坂下 恵理子様

「りょボット」つくるラボ
https://www.facebook.com/tsukurulab.team/
・衣斐 秀聰様
・松留 崇文様
・堀ノ内 司様
・庭野 孝祐様
・石原 愛子様
・疋田 裕二様
・小野 末紗希様
・大村 美央様

著者プロフィール

立花 翔（たちばな・しょう）

GMOインターネット株式会社特命担当。
Android、iPhoneアプリ・ゲームをメインに企画・コーディング・モデリング・デザイン・楽曲作成などすべてこなし、これまで100本以上のアプリをリリース。双方のマーケットで300万超えのダウンロード、計700万ダウンロード以上。
2016年より新規事業を主に担当。

装丁・本文デザイン	大下 賢一郎
DTP	シンクス
特集 執筆協力	相川 いずみ
編集	山本 智史

LINE BOTを作ろう！
ライン ボット

Messaging APIを使ったチャットボットの基礎と利用例
メッセージング エーピーアイ

2017年 5月11日　初版第1刷発行

著　者	立花 翔
発行人	佐々木幹夫
発行所	株式会社翔泳社（http://www.shoeisha.co.jp/）
印刷・製本	株式会社シナノ

ISBN 978-4-7981-5073-4 Printed in Japan